Auf der Höhe der Zeit

Industrieverband Klebstoffe e. V. (Hrsg.)

Auf der Höhe der Zeit

70 Jahre Industrieverband Klebstoffe e. V.

Herausgeber
Industrieverband Klebstoffe e. V.,
Düsseldorf, Deutschland

Autor
Professor Dr. Peter E. Fäßler

ISBN 978-3-658-14242-1   ISBN 978-3-658-14243-8 (eBook)
DOI 10.1007/978-3-658-14243-8

Die Deutsche Nationalbibliothek verzeichnet diese Publikation in der Deutschen Nationalbibliografie; detaillierte bibliografische Daten sind im Internet über http://dnb.d-nb.de abrufbar.

Springer Vieweg
© Springer Fachmedien Wiesbaden 2017
Das Werk einschließlich aller seiner Teile ist urheberrechtlich geschützt. Jede Verwertung, die nicht ausdrücklich vom Urheberrechtsgesetz zugelassen ist, bedarf der vorherigen Zustimmung des Verlags. Das gilt insbesondere für Vervielfältigungen, Bearbeitungen, Übersetzungen, Mikroverfilmungen und die Einspeicherung und Verarbeitung in elektronischen Systemen.
Die Wiedergabe von Gebrauchsnamen, Handelsnamen, Warenbezeichnungen usw. in diesem Werk berechtigt auch ohne besondere Kennzeichnung nicht zu der Annahme, dass solche Namen im Sinne der Warenzeichen- und Markenschutz-Gesetzgebung als frei zu betrachten wären und daher von jedermann benutzt werden dürften.
Der Verlag, die Autoren und die Herausgeber gehen davon aus, dass die Angaben und Informationen in diesem Werk zum Zeitpunkt der Veröffentlichung vollständig und korrekt sind. Weder der Verlag noch die Autoren oder die Herausgeber übernehmen, ausdrücklich oder implizit, Gewähr für den Inhalt des Werkes, etwaige Fehler oder Äußerungen.

Einbandabbildung: Delo Industrie Klebstoffe GmbH & Co KGaA

Gedruckt auf säurefreiem und chlorfrei gebleichtem Papier

Springer Vieweg ist Teil von Springer Nature
Die eingetragene Gesellschaft ist Springer Fachmedien Wiesbaden GmbH

Vorwort

Als unsere Vorgänger im Jahre 1946 den „Industrieverband Klebstoffe" gründeten, lag Deutschland in Trümmern, Chaos herrschte in vielen Bereichen des täglichen Lebens, und an ein geordnetes Leben nach heutigen Maßstäben war nicht zu denken.

Kleben war ein Synonym für pflanzliche und tierische Rohstoffe, aufwändige Verfahren zur Herstellung, schnelles Verderben der zubereiteten Produkte und komplizierte Anwendung.

Heute heißt Kleben modernste Technologie, zukunftsweisende Verbindungstechnik und ist in vielen Fertigungsprozessen unverzichtbar.

Die deutsche Klebstoffindustrie hat sich in den vergangenen 70 Jahren eine weltweit führende Position erarbeitet. Die intensive Zusammenarbeit mit Rohstoffherstellern, der Maschinenindustrie, einschlägigen Forschungsinstituten und nicht zuletzt den Kunden und Klebstoff-Anwendern hat dazu geführt, dass heute zahlreiche Mitgliedsfirmen des IVK in vielen Branchen und Anwendungsgebieten zu den Weltmarktführern zählen.

Der Industrieverband Klebstoffe hat diese Entwicklung stetig mitgeprägt und ist heute in der Industrie, im Handwerk, bei privaten Anwendern und benachbarten Branchen die kompetente Dachorganisation für vielfältige, übergreifende Fragestellungen. Dabei spielen die Gremien des Verbandes mit den Repräsentanten der Mitgliedsfirmen eine einzigartige und überragende Rolle, besonders in chemisch-technischen Fragestellungen.

Das vorliegende Buch beschreibt den Weg, den unsere vorausschauenden Gründungsväter aus dem Chaos begannen und der an die Spitze der Welt führte.

Dr. Boris Tasche   Arnd Picker
Vorsitzender   Ehrenvorsitzender

Inhalt

Vorwort 5

I   Einleitung 9

II Ein langer Klebfaden durch die Vergangenheit 13
    II.1 Von den Anfängen des Klebens bis an die Schwelle der Neuzeit 13
    II.2 Aufbruch in die Moderne: technischer Fortschritt und industrielle
           Produktion im 19. und frühen 20. Jahrhundert 16
    II.3 Gemeinsame Interessen verbinden: die Anfänge der
           Unternehmerverbände 20

III Beschwerliche erste Jahre (1946 – 1950) 25
    III.1 Die wirtschaftlichen und politischen Rahmenbedingungen 25
    III.2 Die organisatorische Entwicklung der Leim- und
           Klebstoffindustrie in den drei Westzonen 31
    III.3 Die frühe Verbandsarbeit 53

IV Aufbauen – umbauen – ausbauen: Die Struktur und
    Entwicklung des Fachverbandes seit 1950 55
    IV.1 Ein gelungener Wurf: Die Gründungssatzung vom 8.3.1950 55
    IV.2 Ein steter Aus- und Umbau 62
    IV.3 Aufwärtstrend: Die Entwicklung der Mitgliederzahlen,
           der Finanzen und der Geschäftsstelle 72
    IV.4 Im Spiegel seiner Briefköpfe – vom Fachverband Leime und
           Klebstoffe e.V. (1950) über den Fachverband Klebstoffindustrie e.V.
           (1972) zum Industrieverband Klebstoffe e.V. (1993) 78

V   Wirtschaftlicher Aufschwung und gesellschaftlicher Aufbruch:
    Der Fachverband Leime und Klebstoffe e.V. während der Jahre
    1950 bis 1972 83
    V.1 Wirtschaftliche, politische und gesellschaftliche Entwicklung 83
    V.2 Kompetenz und Kontinuität – die Führungsebene des
          Fachverbandes Leime und Klebstoffe e.V. 93
    V.3 Informieren, kommunizieren, moderieren und organisieren –
          die verbandsinterne Arbeit 98
    V.4 Der Fachverband als Sprachrohr nach außen 104
    V.5 Es führt kein Weg an Europa vorbei:
          Der Fachverband und die Gründung der FEICA (1972) 110

VI	Zwischen Ölpreisschock und deutscher Einheit: Der Fachverband Klebstoffindustrie e. V. während der Jahre 1973 bis 1992	117
	VI.1 Das wirtschaftliche, politische und gesellschaftliche Umfeld	117
	VI.2 In bewährten Bahnen: die verbandsinterne Arbeit	128
	VI.3 Ein neues Feld wird bestellt: Öffentlichkeitsarbeit	133
	VI.4 Kooperationen mit Forschungseinrichtungen	136
	VI.5 Jenseits des „nationalen Containers": Europa und die Welt	138
VII	Digitale Revolution und Globalisierung: Der Industrieverband Klebstoffe e. V. seit 1992	141
	VII.1 Das wirtschaftliche, politische und gesellschaftliche Umfeld	141
	VII.2 Der große „Wachwechsel"	146
	VII.3 Die Verbandsarbeit	148
VIII	Vom Arbeitstreffen zum „Familientreffen": Die Jahrestagungen und Mitgliederversammlungen	161
	VIII.1 Die organisatorische und programmatische Ausgestaltung der Jahrestagungen	161
	VIII.2 Stets auch ein geselliges Ereignis – Damenreden, Festvorträge, Galaabende und Ehrenmitglieder	164
IX	Quo vadis? Resümee und Ausblick	175

Anhang

Verbandschronik	179
Vorsitzende	181
Ehrenvorsitzende	181
Ehrenmitglieder	182
Geschäftsführer / Hauptgeschäftsführer	182
Abbildungsverzeichnis	183
Tabellenverzeichnis	187
Abkürzungsverzeichnis	188
Unveröffentlichte Quellen	189
Veröffentlichte Quellen	191
Literatur	191
Periodika	193
Internetseiten	193

I Einleitung

Neun Herren sitzen an einem runden Tisch und unterhalten sich bei Cognac und Zigarre. Der Älteste unter ihnen, Max Schumacher, ergreift das Wort. Mit einem gewissen Stolz berichtet er vom gelungenen Aufbau des Fachverbandes Leime und Klebstoffe während der entbehrungsreichen Nachkriegsjahre, erinnert sich an strenge Auflagen der Besatzungsbehörden, an fehlende Stärke und Dextrin für die Klebstoffproduktion, auch an die heftige Auseinandersetzung mit den Herstellern tierischer Leime – und daran, dass es irgendwie doch weiter gegangen sei. Goldene Zeiten hingegen habe er erlebt, erzählt sein Tischnachbar Adolf Müller-Born, Jahre des „Wirtschaftswunders" und der zweistelligen Wachstumsraten bei der Klebstoffproduktion. Siegmund Bollmann und Werner Westphal schildern die mühsamen ersten Schritte auf dem Weg zur Gründung eines europäischen Verbandes der Klebstoffhersteller in den 1960er Jahren, von einer internationalen Konferenz ohne Dolmetscher, der sogar der Gastgeber fern blieb! Erfreuliches und weniger Erfreuliches weiß Dr. Johannes Dahs beizutragen. Technischer Fortschritt und moderates Wachstum einerseits, kritisch-anstrengende Nachfragen zur Umwelt- und Gesundheitsverträglichkeit von Klebstoffen andererseits prägen seine Zeit als Vorsitzender während der 1980er Jahre. Arnd Picker erzählt den Altvorderen von der Globalisierung, der wundersamen Welt des Internets und welche Antworten der Industrieverband Klebstoffe e. V. auf all die neuen Herausforderungen gefunden habe. Wegen des Mangels an jüngeren Fachkräften dränge er darauf, so Dr. Jürgen Wegner, das Thema „Klebstoffe" stärker im Chemieunterricht an den Schulen zu verankern. Dr. Ralf Schelbach erinnert an den Beitrag der Klebstoffbranche zur Energiewende, bedenke man den Einsatz von Klebstoffen bei der Herstellung ökoeffizienter Produkte wie Windräder oder Solarmodule. Es sei wohl gelungen, über die Jahrzehnte hinweg die weltweit größte und hinsichtlich ihres Serviceportfolios attraktivste Organisation in Sachen Klebtechnik auf die Beine zu stellen, resümiert Dr. Boris Tasche.

Die fiktiven Gesprächspartner, allesamt ehemalige bzw. der aktuelle Verbandsvorsitzende, hören einander aufmerksam zu und wundern sich bisweilen. Der eine kennt die Mühen der Anfangsjahre nicht mehr, der andere staunt über das vereinte Europa und die FEICA, dem dritten wollen die vielfältigen PR-Aktionen des Verbandes nur schwer einleuchten und der vierte schüttelt den Kopf ob der verblüffenden Fortschritte bei Klebstoffen und -techniken. Die neun Herren sprechen über die gleiche Branche und den gleichen Verband, dennoch erkennen sie Vieles kaum wieder.

Der Industrieverband Klebstoffe e.V. (IVK) hat offenkundig einen langen, ereignisreichen Weg beschritten. Die Welt seiner Gründungsjahre weist nur noch wenige Gemeinsamkeiten mit der heutigen Zeit auf. Folgerichtig präsentiert sich der Industrieverband Klebstoffe e.V. unserer Tage in anderem Gewande als der Fachverband Leime, Klebstoffe und Gelatine, der im Dezember 1946 das Licht der Welt erblickte. Über all die Jahrzehnte hinweg hat der Verband unser Land, unsere Wirtschaft und Gesellschaft mitgestaltet. Zu den maßgeblichen Fragen technischer Innovationen, ökonomischer Entwicklung, gesellschaftlicher Herausforderungen und politischer Themen haben Vorstand und Geschäftsführung immer wieder Stellung bezogen, Empfehlungen ausgesprochen, Expertisen eingeholt. Mehr und mehr trat der Industrieverband als gesellschaftspolitischer Akteur auf den Plan, soweit es seine Belange betraf. Die nationalen Grenzen streifte er ab und erschloss sich Europa. Umgekehrt zog der Wandel in Wirtschaft, Politik, Gesellschaft und Kultur nicht spurlos am Industrieverband Klebstoffe e.V. vorüber. Der vormals diskret agierende, ausschließlich ökonomische Interessen verfolgende Fachverband öffnete sich gegenüber der Gesellschaft. Mit seinen sich wandelnden Aufgaben wandelte sich auch sein Selbstverständnis. Und trotzdem lassen sich bestimmte Eigenschaften und Bausteine ausmachen, die von Beginn an bis heute den Industrieverband prägen und gewissermaßen seinen Markenkern bilden.

Die vorliegende Festschrift anlässlich des 70-jährigen Bestehens des IVK vermittelt einen Eindruck von diesem Markenkern, den unverrückbaren Werten und Zielsetzungen. Sie lässt die Geschichte Revue passieren, erinnert an vormalige Protagonisten sowie längst vergangene Episoden und möchte so zur Reflexion über den IVK anregen. Die Ausführungen setzen mit dem Rückblick auf die jahrhundertealte Kunst des Klebens ein; sie schildern stetige Verbesserungen von Klebstoffen und -techniken bis ins frühe 20. Jahrhundert. Daran anschließend steht die komplexe Gründungsgeschichte des „Fachverbandes Leime, Klebstoffe und Gelatine", so seine ursprüngliche Bezeichnung, im Kontext der außergewöhnlichen Rahmenbedingungen der Jahre 1946 bis 1950 auf dem Programm. Es folgt ein Kapitel über die organisatorische Entwicklung des Branchenverbandes bis in unsere Gegenwart. Entlang der Zeitachse wird dann die Verbandsgeschichte in ihren wichtigsten Facetten vorgestellt, stets eingebettet in das zeitgenössische wirtschaftliche, politische und gesellschaftliche Umfeld. Dabei kommen immer wieder bestimmte Themen zur Sprache: die Weiterentwicklung von Klebstoffen und -techniken, die Arbeit von Vorstand und Geschäftsführung sowohl verbandsintern als auch nach außen, die konjunkturellen Wechsellagen, die ausgreifenden Reglementierungen in den Bereichen Arbeits-, Gesundheits-, Verbraucher- und Umweltschutz, die verstärkte Ausrichtung auf Europa bzw. den Weltmarkt und nicht zuletzt die immer wichtigere Öffentlichkeitsarbeit. Abschließend seien noch einige Bemerkungen zur Geschichte, Gegenwart und Zukunft des Industrieverband Klebstoffe e. V. erlaubt.

Die Recherche für diese Festschrift stützt sich auf eine dichte Quellenüberlieferung. Den Kernbestand bilden die beim IVK aufbewahrten, äußerst zahlreichen Dokumente über die vergangenen 70 Jahre. Sie beinhalten neben den Protokollen der Vorstands- und Arbeitskreissitzungen auch jene der Mitgliederversammlungen. Darüber hinaus gewähren Korrespondenzen Einblicke in alltägliche Vorgänge. Photographien und Materialien unterschiedlichster Art runden den verbandseigenen Quellenkorpus ab.

Neben dieser Kernüberlieferung erweist sich der Bestand des Konzernarchivs Henkel als wichtige Ergänzung. Insbesondere der Verbandsvorsitzende Adolf Müller-Born (1955 – 1964 und 1965 – 1966) bewahrte erhellende Briefwechsel auf. Weitere Dokumente liegen im Bundesarchiv Koblenz und im Unternehmensarchiv der Firma Bayer; sie beziehen sich vornehmlich auf die Gründungsphase.

Die Forschungslage zur Geschichte der Wirtschaftsverbände in der Bundesrepublik Deutschland muss allgemein als eher dürftig charakterisiert werden. Im Wesentlichen existieren Rückblicke von Industrieverbänden, die anlässlich verschiedener Jubiläen publiziert worden sind und vornehmlich illustrative Qualität

aufweisen. Ergänzend kann auf einige Monographien zur Unternehmensgeschichte von Klebstoffherstellern zurückgegriffen werden.

Die hier vorgelegte Festschrift geht auf eine Initiative des Ehrenmitglieds Dr. Hannes Frank und des Ehrenvorsitzenden Arnd Picker zurück. Vorstand und Geschäftsführung haben diesem Vorschlag zugestimmt. Alle Beteiligten unterstützten das Projekt mit Rat und Tat, hierfür sei ihnen mein herzlicher Dank ausgesprochen. Dieser gilt auch für die gesamte IVK-Geschäftsführung, wobei ich Elke Picker sowie Ansgar van Halteren besonders erwähnen möchte.

Bedanken möchte ich mich ebenso bei den Gesprächspartnern Dr. Johannes Dahs, Dr. Hannes Frank, Dr. Hermann Lagally, Dr. Peter Pfeiffer, Dr. Hermann Pfeiffer, Arnd Picker, Dr. Boris Tasche und Dr. H. Werner Utz. Ihre Erinnerungen und Schilderungen halfen, etliche Sachverhalte zu klären und der historischen Überlieferung ein wenig Kolorit zu verleihen. Gedankt sei schließlich der Firma Jowat SE / Detmold für die Beherbergung der umfangreichen IVK-Überlieferung.

II Ein langer Klebfaden durch die Vergangenheit

II.1 Von den Anfängen des Klebens bis an die Schwelle der Neuzeit

Er solle nicht zu hoch fliegen, ermahnte der Vater den Sohn. Dädalus, die griechische Mythologie schildert ihn als begnadeten Erfinder, hatte eine Flügelkonstruktion ersonnen, bei der Vogelfedern mit Wachs an den Armen befestigt wurden. Diese künstlichen Schwingen sollten ihm und seinem Sohn Ikarus zur Flucht von der Insel Kreta verhelfen, wo beide als Gefangene des König Minos darbten. Die Geschichte endete bekanntermaßen tragisch: Ikarus schlug des Vaters Mahnung in den Wind, stieg in seinem jugendlichen Übermut hoch hinauf und kam Helios' Sonnenwagen gefährlich nahe. Das Wachs an seinen Armen schmolz dahin, die Federn lösten sich und der Junge trudelte in den Abgrund.

Abb. 1: „Fall des Ikarus", Paul Peter Rubens, 1636 (Royal Museums of Fine Arts of Belgium, Brussels / photo: J. Geleyns – Ro scan).

Für gewöhnlich gilt die Ikarus-Parabel als Warnung vor dem allzu kühnen Griff nach den Sternen. Aus technikhistorischer Perspektive ist sie ein früher literarischer Beleg dafür, dass die Menschen bereits seit Jahrtausenden die Kunst des Klebens beherrschten, aber auch um ihre technischen Grenzen wussten.

Zahlreiche Textquellen aus der Antike enthalten Verweise auf die Anwendung von Klebstoffen. Das Alte Testament berichtet über Noah, wie er die lebensrettende Arche mit Pech gegen eindringendes Wasser abdichtete. Der Turmbau zu Babel, so steht es in der Genesis, scheiterte am Sprachenwirrwar der Bauleute, nicht an der unzureichenden Klebkraft des eingesetzten Mörtels.

Archäologische Befunde rund um den Globus ergänzen die antiken Texte und bezeugen, dass neben dem Nageln und Verschnüren auch das Kleben eine wichtige Rolle bei der Herstellung von Werkzeugen und Waffen, beim Haus- und Schiffbau spielten. Zu den sehr frühen, bereits im Paläolithikum nachgewiesenen Klebstoffen zählt Naturasphalt. Vor rund 6.000 Jahren gewannen ihn die Sumerer aus Ölquellen und klebten damit Goldplättchen auf Holz. Weit verbreitet waren seit der Stein- und Bronzezeit (6.000 – 1.000 v. Chr.) auch Baumharze und das Birkenpech. Beispielsweise erhitzten die Bewohner der berühmten Pfahlbauten rund um den Bodensee Birkenrinde und gewannen so die schwarze, klebrige Masse. Auch Gletschermann „Ötzi" nutzte sie, um seine kostbaren Steinspitzen am Pfeilschaft zu befestigen.

Abb. 2: Nachbildung des Gletschermanns „Ötzi"; Pfeilspitzen mit schwarzer Birkenpechklebung (Südtiroler Archäologiemuseum – www.iceman.it).

Möglicherweise stand die Natur bei der Entwicklung von Klebstoffen und -techniken Pate. Meterhohe Termitenbauten, betonharte Hügel aus einem klebrigen Speichelgemisch, das Erde, Holz und weiteres Pflanzenmaterial enthält, könnten antike Baumeister inspiriert haben. Über Seepocken, die mittels eines unter Wasser härtenden Proteinklebstoffes an Schiffen haften und deren Fahrt bremsen, dürften sich bereits die antiken Seeleute geärgert haben.

Tab. 1: Nachweise und Anwendungen von Klebstoffen von der Ur- und Frühgeschichte bis zum 19. Jahrhundert.

Zeit	Befund
vor rd. 180.000 Jahren	Steinwerkzeug mit Birkenpechanhaftung, Süditalien
vor rd. 80.000 Jahren	Werkzeuge mit Birkenpechanhaftung, Königsaue/Sachsen-Anhalt
vor rd. 45.000 Jahren	Befestigung von Pfeilspitzen und Messerklingen mittels Birkenpech
ca. 6.000 v. Chr.	Sumerer nutzten Asphalt für Vergoldung von Gegenständen und beim Tempelbau
ca. 3.000 v. Chr.	Sumerer stellten Glutinleim aus Tierhäuten her; Blut und Eiweiß als Klebstoffe
ca. 1.500 v. Chr.	Ägypter verwandten tierische Leime bei der Herstellung von Möbeln und Furnieren
ca. 500 v. Chr.	Talmud erwähnt Casein als Bindemittel für Pigmente; Beruf des Leimsieders im antiken Griechenland
um 1100 n. Chr.	Mongolen verwenden Knochen- und Knorpelleimbögen
um 1400 n. Chr.	Azteken: Tierblut (Blutalbumin) in Zement zum Bau flacher bzw. elliptischer Bögen
um 1500 n. Chr.	Buchdruck steigert Nachfrage an Klebstoffen
um 1690	Frühe Leimfabriken in den Niederlanden und England
1754	Erstes Fischleim-Patent, England
um 1830	Naturkautschuk als Klebrohstoff

In späteren Jahrhunderten ergänzten Leime tierischen Ursprungs das Spektrum. Die Ägypter kochten Sehnen, Knorpel, Hautreste und Knochen aus. Mit dem gewonnenen Leim fertigten sie Möbel und hochwertige Intarsien. Im Römischen Reich waren Casein-, Knochen- und Fischleime sowie daraus veredelte Kleister verbreitet. Auch Rezepturen pflanzlicher Leime auf Stärkebasis sind

überliefert. Erwähnenswert ist zudem die berühmte Leimrute für den Vogelfang – sie wurde mit einem Mistelsaftkonzentrat bestrichen. In Mitteleuropa spielten seit 600 n. Chr. hochwirksame Leime aus Hasen- und Kaninchenhäuten eine technisch bedeutsame Rolle.

Bis zur Neuzeit blieb die Palette von Leimen und Klebstoffen ebenso wie ihre Herstellung und Anwendungstechniken weitgehend unverändert. Allerdings verzeichnete, bedingt durch den Gutenberg'schen Buchdruck und den allgemeinen Gewerbeaufschwung, die Leimnachfrage seit Ende des 15. Jahrhunderts einen dauerhaften Zuwachs. In der Folge blühte das Handwerk des Leimsieders auf und prägte ganze Wirtschaftsregionen. Beispielsweise beheimatete das frühindustrielle Siegerland mit der Stadt Haiger als Zentrum eine große Zahl von Leimfabriken. Zudem beförderte die stetig wachsende Nachfrage nach geeigneten Klebstoffen erste systematische Forschungen und einschlägige Lehrwerke.

Freilich krankten die vormodernen Klebstoffe an drei Schwachstellen, die ihrem technischen Einsatz empfindlich enge Grenzen steckten: vergleichsweise geringe Klebkraft, Anfälligkeit gegenüber Temperaturschwankungen sowie gegenüber Pilz- und Schädlingsbefall. Erst im 19. Jahrhundert gelang es, diese Schwachpunkte zu beheben und der Klebtechnik weite Horizonte zu erschließen.

II.2 Aufbruch in die Moderne: technischer Fortschritt und industrielle Produktion im 19. und frühen 20. Jahrhundert

Das 19. Jahrhundert brachte in Europa und Nordamerika einen gewaltigen Nachfrageschub nach Leimen und Klebstoffen mit sich. Als Gründe hierfür können der rasante Bevölkerungsanstieg, die Industrialisierung, die verbesserten Transportmöglichkeiten zu Wasser und Land sowie der einsetzende Massenkonsum neuer Produkte benannt werden. Verpackungen für Genussmittel wie Kaffee oder für Wasch- und Reinigungsmittel, die Etikettierung von Getränkeflaschen oder die Massenproduktion von Zigaretten erforderten nicht nur mehr, sondern vor allem neuartige Klebstoffe. In jenen Jahren löste die Industrie das Handwerk als wichtigsten Klebstoffkunden ab. Nach der Jahrhundertwende entwickelte sich der Fahrzeugbau zu einem weiteren, bis in die Gegenwart bedeutsamen Absatzmarkt. Zu den kuriosen technikgeschichtlichen Fußnoten zählen in dem Zusammenhang das Schütte-Lanz-Luftschiff oder der „Leukoplastbomber" Lloyd LP 400, beide unter massivem Einsatz von Klebstoffen auf Kunstharzbasis gefertigt. In der Schuhproduktion verdrängten Klebstoffe im preisgünstigen Segment das aufwändige Nähen.

Tab. 2: Technische Entwicklungen des Klebens seit Ende des 19. Jahrhunderts.

Zeit	Befund
1889	Ferdinand Sichel, Hannover, entwickelte ersten gebrauchsfertigen Tapetenkleister auf Pflanzenbasis
1905/09	Leo Hendrik Baekeland meldete Verfahren zur Phenolharzhärtung zum Patent an; Beginn des Zeitalters von Klebstoffen auf synthetischer Rohstoffbasis
1910	Zelluloid als Klebrohstoff
1912	Entwicklung des Schuhklebstoff AGO
1914	Polyvinylacetat als Patent angemeldet, bis heute meist verwendeter synthetischer Rohstoff
1930	Einsatz moderner Klebstoffe im Flugzeugbau: Kanit, Phenol- und Harnstoffharze; Polymerisate
1931	Markteinführung des Leimharz' „Kaurit"; BASF
1932	August Fischer entwickelt ersten gebrauchsfertigen Kunstharzklebstoff „Uhu"
1936	Einführung von ungesättigten Polyestern als Klebrohstoffe
1938	Entwicklung von Epoxidharzen
1940	Entwicklung des Klebfilms „Tesa", Fa. Beiersdorf

Ohne die atemberaubenden naturwissenschaftlichen und technischen Erkenntnisfortschritte wäre diese große und rasch steigende Nachfrage nicht zu befriedigen gewesen. Binnen weniger Jahrzehnte gelang es, weitere Grundstoffe für die Herstellung zu nutzen: Wasserglas, wasserlösliche Cellulosederivate, Kondensationsprodukte des Formaldehyds in Kombination mit Harnstoff oder

Melamin, Kunststoffdispersion, Synthesekautschuk u. a. m. Die Entwicklung synthetischer Klebstoffe auf Mineralölbasis erweiterte das Anwendungsfeld und verhalf den grundsätzlichen Vorzügen der Klebtechnik gegenüber anderen Fügeverfahren mehr und mehr zur Geltung. Später eroberten synthetische Polymere und Reaktionsklebstoffe – Phenolharze seit den 1920er Jahren, Polyurethan, Acrylate und Epoxide ab den 1940er Jahren – den Markt und läuteten die Ära der Hightech-Klebstoffe ein. Selbst Kunststoffe und Metalle, die lange zu den schwer klebbaren Substraten zählten, konnten nun bearbeitet werden.

Der Aufstieg der deutschen Klebstoffindustrie ging mit dem Wandel von der kleingewerblichen „Leimküche" hin zur industriellen Fabrikherstellung einher. Zu den frühen Leimfabriken zählt die noch heute existierende Firma Stauf, die von Eberhard Stauf 1828 im Siegerland aufgebaut worden war und seit 1960 dem Fachverband angehört. Ende des 19. Jahrhunderts boten etliche Firmen ihre Produkte an, die nach dem Zweiten Weltkrieg an der Neugründung des Fachverbandes Leime und Klebstoffe mitwirkten. Zu nennen wären die Fa. Arabinwerk, Chemische Fabrik Hannover (1889), besser bekannt als Fa. Sichel, die Fa. Türmerleim in Ludwigshafen (1889) oder die Fa. Gebr. Wachler KG in Aachen (1904). Andere wie die Fa. Friedrich Branding aus Lehrte nahmen die Klebstoffproduktion nach dem Ersten Weltkrieg auf, so auch die Fa. Henkel aus Düsseldorf.

Der dynamische Aufstieg der Leim- und Klebstoffbranche vollzog sich im Lichte der Öffentlichkeit. Fachzeitschriften wie die „Kunststoffe" (1911 – heute), die „Farben-Zeitung" mit der Beilage „Leim- und Klebstoffindustrie" (1903 – 1941) sowie die zwischen 1933 und 1944 erschienene „Gelatine-Leim-Klebstoff" informierten ihre Leserschaft über neue Produkte, Klebtechniken, Maschinen, Hersteller und Markttrends. Mit einer Auflage von 13.000 Exemplaren erreichte beispielsweise die „Farben-Zeitung" vor dem Ersten Weltkrieg eine beachtliche Öffentlichkeit.

Des Weiteren sorgten Werbemaßnahmen seit den 1920er Jahren dafür, dass sich das unscheinbare Zwischenprodukt „Klebstoff" einer breiteren öffentlichen Aufmerksamkeit erfreute. Praktische Vorführungen demonstrierten erstaunliche Klebeffekte, Werbefilme in den Kinos erreichten Hunderttausende, ein „Klebmobil" fuhr durch deutsche Lande und die Messe- und Ausstellungspräsenz traf auf ein breites Fachpublikum.

Abb. 3: Frühe Fachzeitschrift für Klebstoffe: „Gelatine Leim Klebstoffe".

Abb. 4: Werbeschild für „Syndetikon", 1901 (Stiftung Deutsches Historisches Museum). Hierbei handelt es sich um das wegweisende Beispiel einer frühen bildorientierten, im Jugendstil gehaltenen Werbekampagne mit dem zentralen Slogan „Klebt, leimt, kittet alles".

II.3 Gemeinsame Interessen verbinden: die Anfänge der Unternehmerverbände

Mit dem eigenen wirtschaftlichen Aufstieg erkannten die bürgerlichen Unternehmer im 19. Jahrhundert die Notwendigkeit, ihre Interessen branchenintern abzustimmen und gegenüber dem Staat, den Kunden oder den Zulieferern zu vertreten. Nach der Revolution von 1848/49 gelang es ihnen, Unternehmerverbände ins Leben zu rufen. Voraussetzung hierfür war zum einen die Bereitschaft der monarchischen Obrigkeit, solche Interessenvertretungen zu tolerieren. Zum anderen mussten natürlich die Verkehrs- und Nachrichtenwege hinreichend effizient sein, dass eine großräumige Kommunikation und damit Organisation gewährleistet war.

Folgerichtig setzte in der zweiten Hälfte des 19. Jahrhunderts eine regelrechte Gründungswelle bei den Unternehmerverbänden ein. Den Scheitelpunkt erreichte sie nach der Reichsgründung 1871, als die Fach- und Wirtschaftsverbände ihre Organisation über ganz Deutschland auszudehnen vermochten. Da sie sich in der Tradition bürgerlicher Honoratiorenvereine verstanden, übernahmen sie von ihnen die bis heute vorherrschende Rechtsform des eingetragenen Vereins. Das Bürgerliche Gesetzbuch von 1900 und das Vereinsgesetz von 1908 bildeten später die maßgeblichen juristischen Grundlagen. Sie wurden in der Weimarer Reichsverfassung vom 11.8.1919 weitgehend übernommen und bis in unsere Tage tradiert.

Zu den neuen Wirtschaftsverbänden zählte auch der „Verein zur Wahrung der Interessen der chemischen Industrie". Rund 80 Firmenvertreter feierten am 25.11.1877 in Frankfurt a. M. seinen Geburtstag. Im darauffolgenden Jahr bestellte der Verein mit Dr. Fischer von der Fa. Hoechst einen Referenten für den Bereich „Leime und Gelatine". Dr. Fischer sollte eine entsprechende Fachabteilung, sprich einen Fachverband, aufbauen. Was aus dem Vorhaben geworden ist, liegt im Dunkeln. Bekannt ist nur, dass in den frühen 1930er Jahren der „Verein zur Wahrung der Interessen der Chemischen Industrie Deutschlands" unter seinen 15 Fachgruppen die 11. Fachgruppe „Leim und Gelatine" aufführte. Andere Quellen berichteten im Dezember 1919 über eine „Fachgruppe Leim und

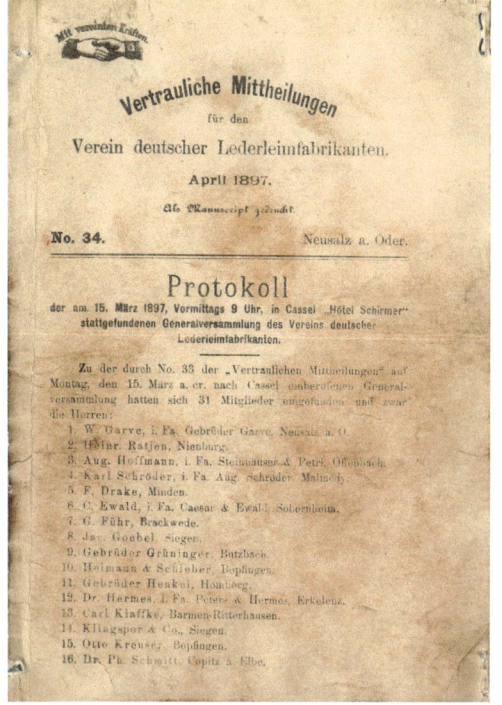

Abb. 5: Deckblatt „Vertrauliche Mittheilungen für den Verein deutscher Lederleimfabrikanten, April 1897" (IVK-Archiv, Düsseldorf).

Gelatine" innerhalb der Reichsarbeitsgemeinschaft Chemie. Aus den spärlichen Informationen lässt sich entnehmen, dass den Vorsitz Direktor Dr. Heinrichs von der Deutschen Gelatine-Fabrik Schweinfurth innehatte. Sein Stellvertreter war Generaldirektor Salomon von der AG für chemische Produkte, vormals Scheidemantel, Berlin. Im Jahr 1925 gehörten dieser Fachgruppe ca. 280 Hersteller mit rund 7150 Beschäftigten an. Das weist auf eine kleinbetrieblich strukturierte Branche hin. In welchem Verhältnis der „Verein zur Wahrung der Interessen der Chemischen Industrie" und die Reichsarbeitsgemeinschaft zueinander standen, muss einstweilen offen bleiben.

Aus dem einschlägigen Vereinshandbuch von 1913 kennen wir als ältesten Klebstoffverband Deutschlands den „Verein deutscher Lederleimfabrikanten". Er erblickte 1890 im rheinländischen Rölsdorf-Düren das Licht der Welt und zählte vor dem Ersten Weltkrieg 45 Mitgliedsfirmen. Weiterhin liegen verlässliche

Information darüber vor, dass 1916 ein „Verband deutscher Pflanzenleimhersteller" mit Sitz in Berlin-Charlottenburg, Hardenbergstraße 9 a, gegründet worden war. Elf Jahre später umfasste er 57 Mitgliedsfirmen und 1937 deren 65 vornehmlich klein- und mittelständische Betriebe. Schließlich wären noch der „Verein der Gelatinefolienfabrikanten" (1919) mit 5 Mitgliedsfirmen zu nennen, der „Verein der Gelatinefabrikanten Deutschlands" (1918) mit 11 Mitgliedern und der „Verein der Fein-Gelatine-Fabrikanten Deutschlands" (1918). Die Heterogenität der Leim- und Klebstoffherstellung schlug sich unübersehbar in der Organisationslandschaft nieder.

Ende der Vielfalt – die nationalsozialistische Gleichschaltung der Wirtschaftsverbände

Das nationalsozialistische Regime bereitete dieser Verbandsvielfalt ein rasches Ende. Mit dem am 27.2.1934 erlassenen „Gesetz zur Vorbereitung des organischen Aufbaus der deutschen Wirtschaft" und der ersten Durchführungsverordnung vom 27.11.1934 schuf es die „Organisation der gewerblichen Wirtschaft". Die zugehörige „Reichgruppe Industrie" umfasste 32 Wirtschaftsgruppen, darunter als 22. die Chemische Industrie.

Diese wiederum bestand 1943 aus 25 Fachgruppen, deren 20. die Fachgruppe „Leim, Klebstoffe und Gelatine" bildete. Im Jahr 1944 leitete Dr. Ludwig Steinfeld aus Engen im Schwarzwald die Fachgruppe, der sieben Fachabteilungen angehörten. Dem Produktionsausschuss der Fachgruppe stand Dr. Wolfgang Lübbert von der Fa. Henkel vor. Er sollte ebenso wie Direktor Oskar Wilhelm von den Hannoveraner Sichel-Werken in der Nachkriegszeit bei der Neugründung des Fachverbandes Leime und Klebstoffe nach 1945 mitwirken. Über die Aktivitäten der Fachgruppe bzw. ihrer Abteilungen liegen kaum aussagekräftige Quellen vor.

Tab. 3: Übersicht über die Fachgruppe „Leim, Klebstoffe und Gelatine" in der Wirtschaftsgruppe „Chemische Industrie", 1943.

Name	Leiter	Firma
Fachabteilung Knochenleim	Hermann Eggers	Fa. Chemische Düngerfabrik Rendsburg
Fachabteilung Haut- und Lederleim	Dir. Friedrich Menzel	Fa. Gebr. Garve GmbH Neusalz a.d. Oder
Fachabteilung Harzleim	Karl Hoffmann	Fa. Eisele & Hoffmann, Mannheim
Fachabteilung Fischleime	Unbekannt	Unbekannt
Fachabteilung Gelatine	Erich Altmann	Fa. Deutsche Gelatine-Fabrik AG, Schweinfurt a. M.
Fachabteilung synthetische Leime	Adolf Finck	Unbekannt
Fachabteilung Pflanzenleime	Franz Szanter	Sächsische Klebstoffwerke F. Szanter & Teilhaber, Pirna/Elbe

Die Fachgruppen waren von der Rechtsform wie bislang eingetragene Vereine und wiesen folgende Organisationsprinzipien auf:

1. *Ausschließlichkeit*: Es galt der Grundsatz, dass eine Fachgruppe die gesamte Branche repräsentierte. Das Reichswirtschaftsministerium nahm die Zuordnung vor und beendete so die unternehmerische Freiheit in Sachen Selbstorganisation. Für die Klebstoffindustrie endete damit eine Zeit der organisatorischen Zersplitterung.
2. *Zwangsmitgliedschaft*: Sämtliche Betriebe einer Branche mussten der Fachgruppe angehören, Außenseiter wurden nicht geduldet. Auf diesem Wege erlangte das NS-Regime einen weitreichenden Zugriff auf die nach wie vor privaten Unternehmen.
3. *Führerprinzip*: An der Spitze einer jeden Organisationsstufe stand nunmehr ein Leiter. Anders als der bisherige 1. Vorsitzende verfügte er über Weisungsbefugnis gegenüber den Mitgliedsfirmen. Im Konsens getroffene Entscheidungen waren nicht vorgesehen. Allerdings dürfte in der alltäglichen Verbandsarbeit nach wie vor ein eher kollegialer Umgangston geherrscht haben. Entzog sich jemand den Weisungen, konnte die Fachgruppe eine

Ordnungsstrafe verhängen oder ein ehrengerichtliches Verfahren einleiten. Der Reichswirtschaftsminister ernannte den Leiter der Reichsgruppe Industrie sowie – auf dessen Vorschlag – die Leiter der Wirtschaftsgruppen. Der Leiter der Fachgruppen und -abteilungen wurden durch die jeweils übergeordnete Instanz eingesetzt. Die zu Weimarer Zeiten vertrauten Wahlen durch die Mitgliederversammlungen galten als „demokratisches Übel", ließen sich mit dem Führerprinzip nicht in Einklang bringen und schieden daher aus.

Den Verbänden sprach das NS-Regime marktregelnde und sogar hoheitliche Kompetenzen zu. Zusammen mit der autoritären Entscheidungskultur und der streng hierarchischen Struktur kappte es damit die Tradition unternehmerischer Freiheiten.

Mit der bedingungslosen Kapitulation der Deutschen Wehrmacht am 8./9.5.1945 stellten sämtliche Wirtschaftsverbände auf Befehl der Siegermächte ihre Tätigkeit ein. Das jeweilige Verbandsvermögen beschlagnahmten die alliierten property control officers. Die französischen, amerikanischen und sowjetischen Besatzungsbehörden rechneten Unternehmerverbände gemäß des Alliierten Kontrollratsgesetzes Nr. 2 zu den nationalsozialistischen Organisationen, was ihr Verbot zur Folge hatte. Einzig die Briten kamen zu einer anderen Einschätzung – allein, am Ergebnis änderte das nichts. In allen vier Besatzungszonen beendeten die Selbstverwaltungsorganisationen der deutschen Wirtschaft im Mai 1945 ihre Arbeit und lösten ihre Strukturen auf.

III Beschwerliche erste Jahre (1946 – 1950)

III.1 Die wirtschaftlichen und politischen Rahmenbedingungen

Ein zerstörtes Land

Besiegt, besetzt, geteilt, zerstört und schuldbeladen – das war Deutschland im Sommer 1945. Wohin das Auge schaute, nahezu überall erblickte es Spuren des Krieges: ausgebombte Wohnungen, Kirchenruinen, zerstörte Fabriken, eingestürzte Brücken und gesprengte Gleisanlagen. Zahlreiche Wahrzeichen der deutschen Kulturnation wie der Frankfurter Römer oder die Frauenkirche in Dresden lagen in Schutt und Asche. Rund 30 % der Wohnhäuser waren teilweise oder ganz zerstört, in den Ballungszentren wie dem Ruhrgebiet erreichte der Zerstörungsgrad bis zu 70 % des Gebäudebestandes.

Abb. 6: Blick über die zerstörte Innenstadt von Dresden, 1945 (BArch Bild 146-1994-041-07 / o. A.).

Millionen Menschen irrten kreuz und quer durch dieses im Chaos versunkene Land. Befreite Kriegsgefangene, entlassene Wehrmachtssoldaten, ausgebombte Zivilisten, Flüchtlinge und Vertriebene aus den deutschen Ostgebieten, sie alle befanden sich auf der Suche nach Lebensmitteln, nach einem Dach über dem Kopf oder nach Angehörigen. Angesichts der gewaltigen Zerstörungen und des Zusammenbruchs jeglicher staatlicher Ordnung schien ein rascher Wiederaufbau kaum vorstellbar. Doch irgendwie musste es ja weitergehen – und es ging weiter!

„Improvisieren! Ersatz herstellen! Erfinderisch sein!"

In dieser schier aussichtslosen Lage machte sich die Klebstoffindustrie daran, möglichst rasch die Produktion wieder aufzunehmen. „Improvisieren! Ersatz herstellen! Erfinderisch sein!" So lautete das Gebot der Stunde, erinnerte sich der Vorsitzende des Fachverbandes Leime und Klebstoffe e.V. Max Schumacher. Oftmals stellten unmittelbare Kriegsschäden am Maschinenpark und an den Fabrikgebäuden gar nicht das Hauptproblem beim Neuanfang dar, wie man meinen könnte. Selbst mehrfache Bombentreffer beeinträchtigten beispielsweise die Kaurit-Produktion der BASF in Ludwigshafen nicht nachhaltig. Tatsächlich befand sich die deutsche Industrie gegen Kriegsende in einem erstaunlich funktionsfähigen Zustand. Es waren andere Hürden, die ein Unternehmer überwinden musste.

Zuallererst fehlten Roh- und Grundstoffe. Zwar sicherten beachtliche Reserven an Kartoffel- und Maisstärke, die noch in den Betriebshallen lagerten, für einige Monate die Produktion. Nachdem diese aber aufgebraucht waren, kam es im Winter 1945/46 vor allem bei Dextrin, Melamin, Cellulose und Kartoffelstärke zu erheblichen Versorgungsengpässen. Das darauffolgende erste Friedensjahr brachte kaum Entspannung, im Gegenteil. Der harte Winter 1946/47 sowie die Missernte im Sommer 1947 spitzten sich zur sogenannten „Kartoffelkrise" zu. „Damals konnte man kein Verständnis dafür aufbringen, dass man mit Kartoffelstärke kleben kann, sondern dachte daran, diesen Rohstoff als Nahrungsmittel zu verwenden", brachte Dr. Konrad Henkel in einem Festvortrag die besonders missliche Lage der Pflanzenleimhersteller rückschauend auf den Punkt.

Die Rohstoffversorgung der Leim- und Klebstofffabriken sei so mangelhaft, klagte Max Schumacher am 9.4.1947 dem zuständigen Referenten in der Mindener Wirtschaftsverwaltung, Blankenfeld, dass „Schritte unternommen werden müssen, diese bedeutungsvolle Schlüsselindustrie zu stützen." Zusätzlich zum Mangel an Grundstoffen behinderte die unzuverlässige Strom- und Kohleversorgung eine kontinuierliche Produktion. Ja, sie gefährdete die Existenz ganzer Betriebe, warnte Geschäftsführer Hollmann von der Fachabteilung der Hautleimhersteller noch im Mai 1948 die zuständige Wirtschaftsbehörde.

Aber Not macht bekanntlich erfinderisch, und folglich griffen verschiedene Klebstoffunternehmen zu ungewöhnlichen Maßnahmen. Die Ludwigshafener Firma Türmerleim beispielsweise schickte Suchtrupps in die Mühlen der Umgebung, um dort stärkehaltigen Mehlstaub und -abfall einzusammeln. Andere Firmen gingen dazu über, Lederklebstoff auf der Basis cellulosehaltiger NS-Propagandafilme zu produzieren. Auf diesem Wege wurden sie wenigstens im Nachgang einer vernünftigen Verwendung zugeführt. Zu den ungewöhnlichen Episoden einer ungewöhnlichen Zeit zählt sicherlich auch der Erwerb eines ersten tauglichen Rührwerkes durch Dr. habil. Hartmut Lagally im Sommer 1945, das gewissermaßen den technischen Grundstock für die Firma Isar-Chemie bildete. Dr. Lagally tauschte das gute Stück vom zuständigen amerikanischen Besatzungsoffizier gegen seine kurze bayerische Lederhose ein. Offenkundig schätzte dieser die bajuwarische Landestracht.

Neben den fehlenden Rohstoffen warfen unzureichende Verpackungs- und Transportkapazitäten die nächsten Probleme auf. Das damalige Rückgrat des deutschen Verkehrssystems, die Eisenbahn, leistete bis weit ins Jahr 1946 hinein nur eingeschränkten Dienst. Zahlreiche Schiffswracks blockierten ebenso wie geborstene Brücken die meisten Flüsse und Kanäle. Erst 1947 fuhren Lastkähne wieder auf dem Rhein. Und der seinerzeit ohnehin noch nachrangige Lkw-Transport litt unter Fahrzeug- und Reifenmangel. Angesichts der logistischen Hürden schrieben einige Hersteller in ihren Lieferbedingungen fest, dass die Kunden für Verpackung und Transport der bestellten Klebstoffe selbst Sorge zu tragen hätten.

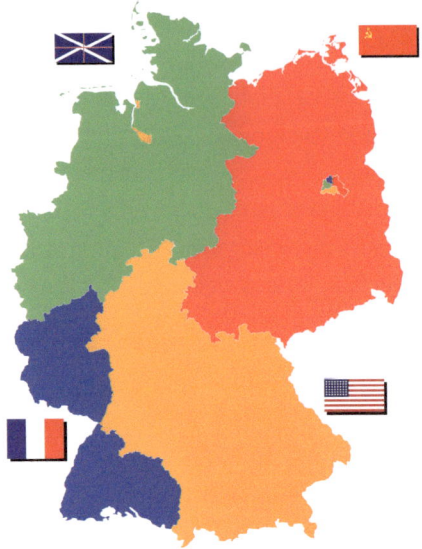

Abb. 7: Besatzungszonen in Deutschland, 1945 – 1949 (http://commons.wikimedia.org/wiki/File:Deutschland_Besatzungszonen_1945.png).

Als äußerst hinderlich für die unternehmerische Tätigkeit erwiesen sich die bis Ende 1946 streng gehandhabten Zonenkontrollen. Sie erzeugten einen erheblichen bürokratischen Aufwand, wenn man Geschäftsbeziehungen über die Zonengrenzen hinweg mit Lieferanten und Kunden pflegen wollte.

Schließlich verhinderte der noch aus der NS-Zeit stammende Preisstopp eine marktkonforme Preisbildung, angemessene Gewinnspannen und damit Spielräume für Investitionen. Da die Reichsmark ohnehin als Währung auf Abruf galt, bestanden für die Klebstoffunternehmer bis zur Währungsreform Ende Juni 1948 wenige Anreize, unternehmerisch mehr zu tun als nötig.

Es spricht für den Selbstbehauptungswillen der Klebstoffindustrie, dass all die benannten Schwierigkeiten binnen weniger Jahre gemeistert werden konnten.

Ungewisse Zukunft

Trotzdem blieb die Zukunft vielfach ungewiss. Denn über den Unternehmen und ihren Eigentümern schwebte für einige Zeit das alliierte Damoklesschwert der Verhaftung, Enteignung, Demontage, Reparationen und des Produktionsverbotes.

Zahlreiche Firmeninhaber sahen sich aufgrund ihrer Tätigkeit während des NS-Regimes mit Vorwürfen seitens der Siegermächte konfrontiert. Sie hätten zum Aufstieg, zur Stabilität und zur Schlagkraft des NS-Regimes beigetragen, zudem von staatlichen Rüstungsaufträgen, von der Arisierung jüdischer Unternehmen sowie der Beschäftigung von Zwangsarbeitern profitiert. Solche Anschuldigungen führten in etlichen Fällen zu Verhaftungen und Enteignungen. Zwar ist nicht bekannt, dass die Klebstoffbranche davon betroffen war, aber die Verunsicherung dürfte auch sie erfasst haben.

Des Weiteren erhoben insbesondere die Sowjetunion und Frankreich weitreichende Reparationsforderungen, welche durch Demontagen ganzer Fabrikanlagen, Entnahmen aus der laufenden Produktion oder der Beschlagnahmung von Patenten und Warenzeichen erfüllt werden sollten. Die Ungewissheit in dieser Frage, gespeist durch die düsteren Erinnerungen an die Reparationspolitik nach dem Ersten Weltkrieg, sollte in den Westzonen bis zum Jahr 1949 anhalten.

Und schließlich wusste man nicht, ob überhaupt noch mit einer industriellen Zukunft Deutschlands zu rechnen wäre. Einflussreiche Regierungskreise in Washington diskutierten 1944/45 den nach dem US-Finanzminister benannten „Morgenthau-Plan". Er sah eine weitgehende De-Industrialisierung der deutschen Volkswirtschaft und die Umwandlung Deutschlands in einen Agrarstaat vor. Ganz Deutschland ein einziger großer Acker? Zwar verschwand der Morgenthau-Plan beizeiten in den Schubladen, es blieben aber die Sorgen und Ängste davor, dass er wieder herausgezogen werden könnte. Selbst der moderatere alliierte Industrieplan für Deutschland von 1946 beinhaltete kaum akzeptable Einschränkungen für die westdeutsche Wirtschaft.

Zu Recht erkannte der Kölner Volkswirt Prof. Dr. Müller-Armack, einer der theoretischen Wegbereiter der Sozialen Marktwirtschaft, in der lähmenden Ungewissheit jener Zeit eine entscheidende Ursache für die unternehmerische Zurückhaltung bei Investitionen und damit für den nur schleppend einsetzenden Wirtschaftsaufschwung.

Weichenstellungen hin zu Marktwirtschaft und Demokratie 1947/48

Die wirtschaftliche Konsolidierung im besetzten Deutschland war kein Selbstläufer. Nachdem im Sommer und Herbst 1945 frühe Anzeichen eines ökonomischen Aufschwungs Hoffnungen genährt hatten, brachen die landwirtschaftliche und die industrielle Produktion im Winter massiv ein. Auch im Jahr 1946 verlief der Wiederaufbau äußerst mühsam. Infolge des harten Hungerwinters 1946/47 reifte bei den britischen und amerikanischen Besatzungsbehörden die Einsicht, mehr für das Land tun zu müssen. Andernfalls sähe man sich genötigt, die eigenen Zonen als Kostgänger auf Jahre hinaus zu finanzieren. Insbesondere das selber notleidende Großbritannien hätte diese Aufgabe kaum stemmen können.

Ein erster wichtiger Schritt bestand in dem Zusammenschluss von britischem und amerikanischem Besatzungsterritorium zur Bizone am 1.1.1947. Fortan ergänzten die industriellen Zentren an Rhein bzw. Ruhr und die agrarischen Regionen Süddeutschlands einander. Da die Franzosen sich im Laufe des Jahres 1948 anschlossen und „Trizonesien" aus der Taufe gehoben wurde, hatte die spätere Bundesrepublik gewissermaßen vorläufige Gestalt angenommen – nur das Saarland fehlte noch bis 1957.

Als mindestens ebenso bedeutsam für die wirtschaftliche Gesundung Westdeutschlands erwiesen sich der 1948 anlaufende Marshall-Plan und die Ende Juni selbigen Jahres durchgeführte Währungsreform. Während das European Recovery Program („Marshall-Plan") bis 1952 rund 1,4 Mrd. US-$ ins Land spülte, die aufgrund von Multiplikatoreffekten einen beachtlichen volkswirtschaftlichen Impuls erzielten, schufen die Währungsreform und die Einführung der Deutschen Mark die dringend notwendige verlässliche Währungsgrundlage. In der Folge hob Ludwig Erhard, schon damals der starke Mann in ordnungspolitischen Grundsatzentscheidungen, die Rationierung von Lebensmitteln und Waren sukzessive auf, gab etliche Preise frei und bereitete so das institutionelle Fundament für eine funktionierende Marktwirtschaft.

Die Entwicklung in der sowjetischen Besatzungszone wies in die entgegengesetzte Richtung. Von Anfang an verdrängte die Sowjetische Militäradministration (SMAD) gemeinsam mit der SED das private Unternehmertum. Sie löste die wirtschaftlichen Interessenverbände auf und schnürte die Betriebe in ein enges planwirtschaftliches Korsett. Unter diesen Rahmenbedingungen war eine zonenübergreifende Zusammenarbeit ausgeschlossen. Wie Deutschland als Ganzes sollte auch die deutsche Klebstoffindustrie auf der Verbandsebene den Weg der Teilung beschreiten und erst vierzig Jahr später überwinden.

III.2 Die organisatorische Entwicklung der Leim- und Klebstoffindustrie in den drei Westzonen

Zulassung unter Vorbehalt

Grundsätzlich misstrauten die Westmächte den deutschen Unternehmern ebenso wie ihren Wirtschafts- und Fachverbänden zutiefst. Sie unterstellten ihnen einerseits eine patriarchalisch-autoritäre Grundhaltung, andererseits ein Festhalten an Kartellpraktiken – für das angestrebte Deutschlandmodell „Demokratie und Marktwirtschaft" alles andere als günstige Voraussetzungen. Zugleich aber erkannten die Besatzungsbehörden die Bedeutung der Verbände für den wirtschaftlichen Wiederaufbau Deutschlands. Denn nur sie verfügten über das branchenspezifische Fachwissen und galten daher zu Recht als „unentbehrliche Mittler" zwischen den Unternehmen einerseits und der deutschen Wirtschaftsverwaltung bzw. den Besatzungsbehörden andererseits.

So entsprach es realpolitischem Pragmatismus, als die britische Economic Division mit der Technical Instruction No. 45 vom 30.7.1945 die Zulassung von Wirtschafts- und Fachgruppen auf Provinzialebene bekannt gab. Wegen der positiven Erfahrungen gestatteten die Briten wenige Monate später deren Ausdehnung auf die gesamte Zone. Schon im April 1946 waren allein in Nordrhein-Westfalen 24 Wirtschaftsverbände und 26 Fachverbände registriert. Ähnlich verfuhren die amerikanischen Besatzungsbehörden. Sie legte am 8.10.1945 mit dem „Erlass über Deutsche Wirtschaftsvereinigungen" die juristische Grundlage. Die Verbände stellten den deutschen und amerikanischen

Wirtschaftsbehörden ehrenamtlich arbeitende Ausschüsse zur Seite, so auch seit August 1946 die Fachkommission „Gelatine, Leime, Klebstoffe" bei den Landesverwaltungen der US-Zone.

Es entsprach der Logik des sich formierenden Weststaates, dass mit der Anordnung BICO/Memo 48 13 vom 12.2.1948 Unternehmerverbände für die Bi- bzw. Trizone zugelassen wurden. Bis zum Jahre 1948 hatten sich in der Bizone rund 500 Fachverbände neu etabliert.

Gleichwohl waren die alliierten Konzessionen zur Gründung von Fach- und Wirtschaftsverbänden an weitreichende Bedingungen geknüpft. So durfte die Mitgliedschaft der einzelnen Unternehmen nur auf freiwilliger Basis erfolgen. Eine Zwangsmitgliedschaft wie zu Zeiten des „Dritten Reiches" untersagten die Besatzungsbehörden, wohl um die Marktmacht der Verbände zu begrenzen. Des Weiteren sollten sich die Verbände als unpolitische Organisationen begreifen und sich auf ihre Kernkompetenzen Interessenvertretung, Informationsvermittlung und Beratung der Behörden konzentrieren. Im Gegensatz zu den entsprechenden Organisationen der NS-Zeit gestanden die Besatzungsmächte ihnen keinerlei Befugnisse hinsichtlich Marktkontrolle oder -lenkung zu. Die Fachverbände durften weder Aufträge, Arbeitskräfte noch Rohstoffkontingente den einzelnen Firmen zuteilen, keine Produktions- und Absatzquoten oder Verkaufspreise festlegen.

Als dritte Bedingung forderten die Alliierten eine politische Überprüfung der führenden Wirtschaftsverbandsfunktionäre hinsichtlich ihrer Tätigkeiten während der nationalsozialistischen Diktatur. Das betraf in erster Linie die Vorsitzenden wegen ihrer repräsentativen Funktion und weniger die Geschäftsführer. Letzte Bedingung: Die Verbände hatten die von ihren Mitgliedern verabschiedeten Satzungen den deutschen wie alliierten Behörden zur Genehmigung vorzulegen.

Ungeachtet der anfänglichen Skepsis entwickelte sich die Zusammenarbeit für alle Seiten sehr erfreulich. Nach Auffassung des Frankfurter Wirtschaftshistorikers Werner Plumpe zählten die Unternehmerverbände nach 1945 zu den Organisationen, die einen erfolgreichen Start in die Marktwirtschaft erst möglich machten und diese erfolgreich konsolidierten. Damit hätten sie maßgeblich zur politischen Stabilität der Westzonen bzw. der jungen Bundesrepublik beigetragen.

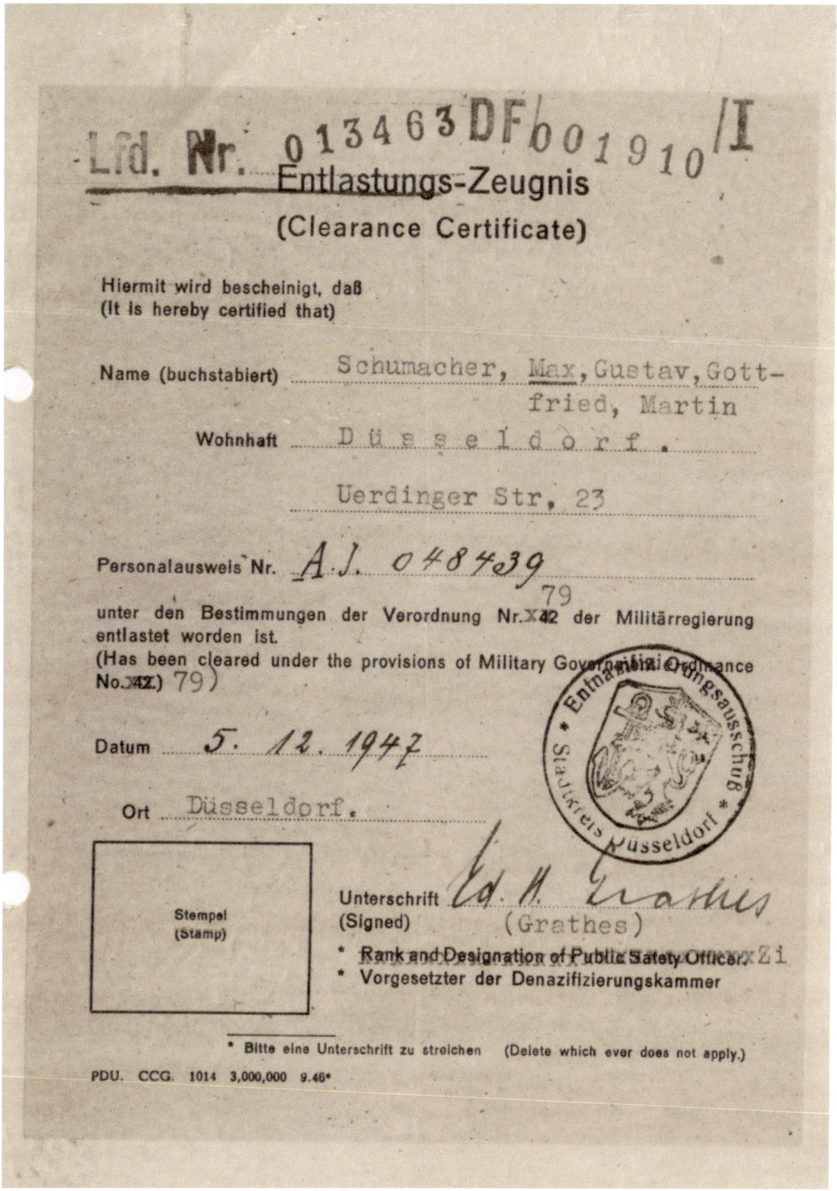

Lfd. Nr. 013463DF001910/I

Entlastungs-Zeugnis

(Clearance Certificate)

Hiermit wird bescheinigt, daß
(It is hereby certified that)

Name (buchstabiert) Schumacher, Max, Gustav, Gottfried, Martin

Wohnhaft Düsseldorf.

Uerdinger Str. 23

Personalausweis Nr. A.J. 048439

unter den Bestimmungen der Verordnung Nr. ~~42~~ 79 der Militärregierung entlastet worden ist.
(Has been cleared under the provisions of Military Government Ordinance No. ~~42~~ 79)

Datum 5. 12. 1947

Ort Düsseldorf.

Stempel
(Stamp)

Unterschrift
(Signed) (Grathes)

* ~~Rank and Designation of Public Safety Officer.~~
* Vorgesetzter der Denazifizierungskammer

Entnazifizierungsausschuß * Stadtkreis Düsseldorf *

* Bitte eine Unterschrift zu streichen (Delete which ever does not apply.)

PDU. CCG. 1014 3,000,000 9.46*

Abb. 8: Entnazifizierungszertifikat für Max Schumacher vom 5.12.1947 (IVK-Archiv, Düsseldorf).

Ein Neuanfang in Hinterzimmern

Die treibende Kraft bei der Gründung des Fachverbandes für die Leim- und Klebstoffbranche war Direktor Max Schumacher von der Firma Henkel in Düsseldorf. Frühzeitig, vermutlich bereits im Herbst 1945, hatte er Kollegen anderer Unternehmen aus der britischen Besatzungszone zu einem ersten informellen Treffen eingeladen. Über den Teilnehmerkreis ist nur bekannt, dass mit den Herren Merkel und Pfeiffer von der Ludwigshafener Firma Türmerleim auch Vertreter aus der Französischen Besatzungszone anwesend waren. „Die Teilnahme musste dabei sehr geheimnisvoll über die Bühne gehen. Denn damals war es noch streng verboten, solche [zonenübergreifenden, P.F.] Gespräche zu führen. Dieses Verbot wurde aber offenbar von niemandem beachtet", schilderte Dr. Konrad Henkel.

Die Gesprächsinhalte selbst sind nicht überliefert. Es ist aber zu vermuten, dass Schumacher dafür plädierte, sämtliche Klebstoffhersteller nach ihren Spezialgebieten in einen gemeinsamen Fachverband zu integrieren. Gegenüber mehreren kleineren Verbänden hätte dieses Modell den Vorteil, dass die Branche über eine gewichtigere und damit durchsetzungsfähigere Interessenvertretung verfügen würde. Dagegen argumentierte vor allem Direktor Erwin Wiese von den Hamburger Tivoli-Werken, dass ein so heterogener Verband aufgrund innerer Gegensätze in seiner Handlungsfähigkeit behindert werden könnte. Für beide Positionen ließen sich gute Argumente ins Feld führen.

Offenkundig verfolgte Max Schumacher ein ambitioniertes Konzept. Denn die Leim- und Klebstoffindustrie fand sich traditionell in ganz unterschiedlichen Fachverbänden wieder. Sowohl die Papierleimfabrikanten als auch die Produzenten synthetischer Klebstoffe schlossen sich dem am 9.8.1946 gegründeten Fachverband „Kunststoffe, Naturharzerzeugnisse und verwandte Gebiete im Wirtschaftsverband Chemische Industrie" (Britisches Kontrollgebiet) an. Es entbehrte nicht einer pikanten Note, dass Erwin Wiese als Gründungsmitglied und 2. Vorsitzender den Kunststoffverband maßgeblich mit aus der Taufe gehoben hatte. Die Hersteller von kautschukbasierten Klebstoffen zählten zum Fachverband Kautschukindustrie.

Trotz dieser organisatorischen Zersplitterung ließ sich Schumacher nicht entmutigen. In seinem Auftrag lud Ende November 1946 die Geschäftsführung des

```
            Fachverband                  (22a) Düsseldorf, den 30.12.46.
"Leime, Klebstoffe und Gelatine"         Heyestrasse 67
        Nord-Rheinprovinz                Schliessfach 345
          M. Schumacher                  Tel. 71 22 21
```

N i e d e r s c h r i f t

über die

Gründungsversammlung des Fachverbandes "Leime,
Klebstoffe und Gelatine" im Saal der Eisenhüttenleute zu Düsseldorf

am 13.12.1946.

Der Wirtschaftsverband Chemische Industrie, Bezirks-Verband Nord-Rheinprovinz, hatte mit Schreiben vom 28.11. cr. die Hersteller von Leimen, Klebstoffen und Gelatine zu einer Besprechung über die beabsichtigte Gründung eines Fachverbandes eingeladen. Von 15 eingeladenen Firmen hatten 13 Firmen Vertreter entsandt.

Im Auftrage des Wirtschaftsverbandes Nord-Rheinprovinz eröffnete der Geschäftsführer, Herr Rechtsanwalt S t e i n, die Versammlung und begrüsste besonders den Vertreter des Wirtschafts-Ministeriums, Herrn P a s t o r.

Auf Grund der Tagesordnung wurde die Gründung des Fachverbandes "Leime, Klebstoffe und Gelatine" einstimmig beschlossen.

Die Aufgaben des Wirtschaftsverbandes sowie eines Fachverbandes wurden daraufhin von Herrn Rechtsanwalt Stein erläutert.

Für diesen Fachverband wurde von Herrn Rechtsanwalt Stein empfohlen, die normalen Satzungen der Fachverbände im Wirtschaftsverband Chemische Industrie zu übernehmen. Dieser Vorschlag wurde grundsätzlich angenommen mit der Massgabe, dass die Satzungen den besonderen Bedingungen des neugegründeten Fachverbandes anzupassen sind. Der zu wählende Vorstand erhielt von der Versammlung den Auftrag, entsprechende Satzungsvorschläge der nächsten Mitglieder-Versammlung vorzulegen.

Auf Befragen wurde festgestellt, dass Voraussetzung für die Aufnahme als Mitglied im Fachverband die Mitgliedschaft des Wirtschaftsverbandes Chemische Industrie erforderlich ist.

In den Vorstand des Fachverbandes "Leime, Klebstoffe und Gelatine" wurden gewählt:

- 2 -

Abb. 9: Protokoll der Gründungsversammlung des Fachverbandes „Leime, Klebstoffe und Gelatine" am 13.12.1946 (BArch Koblenz, Z 8/2493).

- 2 -

    Herr M. Schumacher, i.Fa. Henkel & Cie., GmbH., Düsseldorf,
        als Vertreter der Hersteller von Pflanzen- und
        Dextrinleimen,
        zum 1. Vorsitzenden,

    Herr Strassmann, i.Fa. Carl Klaffke, Wuppertal-Oberbarmen,
        als Vertreter der Hersteller von tierischen Leimen,
        zum 2. Vorsitzenden,

    Herr Menger, i.Fa. I.G. Farbenindustrie, Uerdingen,
        als Vertreter der Hersteller von synthetischen Leimen,
        zum 3. Vorsitzenden.

Da sich in Westfalen die Hersteller von tierischen Leimen bereits zu einem Fachverband zusammengeschlossen haben und sich mit der Absicht tragen, dem neugegründeten Fachverband in Kürze beizutreten, ist vorgesehen, dass an die Stelle des Herrn Strassmann nach erfolgter Aufnahme

    Herr Achenbach, i.Fa. Gebr. Achenbach,
        der jetzige Leiter der Fachabteilung in Westfalen,

die Stelle des 2. Vorsitzenden übernimmt.

Herr Strassmann wurde gebeten, mit Herrn Achenbach die Verhandlungen über die Aufnahme dieses Fachverbandes in die Wege zu leiten.

Ferner wurde vereinbart, dass für die nicht vertretenen Interessen-Gruppen bei Bedarf Obleute herangezogen werden zwecks Bearbeitung von Einzelfragen. Für die Lederleim-Fabriken wurde hierfür Herr Dr.Lochner, i.Fa. Dr. Brandenburg & Weyland, Kempen, vorgesehen.

Als Sitz des Fachverbandes "Leime, Klebstoffe und Gelatine" wurde Düsseldorf bestimmt.

Mit Rücksicht darauf, dass die Geschäftsführung vorerst noch keine erhebliche Arbeit mit sich bringt, wird diese von dem ersten Vorsitzenden ehrenamtlich übernommen. Infolgedessen sind alle Anfragen an folgende Adresse zu richten:

    Fachverband "Leime, Klebstoffe und Gelatine"
    der Nord-Rheinprovinz,
    z.Hd. Herrn Direktor Schumacher,
    i.Fa. Henkel & Cie., G.m.b.H.
    (22a) Düsseldorf
    Postfach 345, Heyestrasse 67

Herr Schumacher dankte für das Vertrauen und sprach kurz über die Notwendigkeit einer geschlossenen Interessenvertretung. Er bat alle anwesenden Firmen um eine vertrauensvolle Zusammenarbeit zum Wohle der z.Zt. in besonders schwieriger Lage sich befindlichen Firmen des neuen Fachverbandes.

Schluss der Sitzung 12,2o Uhr.

```
      Fachverband                    (22a) Düsseldorf, den 3.1.47.
"Leime, Klebstoffe und Gelatine"     Heyestrasse 67
       Nord-Rheinprovinz             Schliessfach 345
         M.Schumacher                Tel. 71 22 21
```

Zur Gründungsversammlung des Fachverbandes "Leime, Klebstoffe und Gelatine" Nord-Rheinprovinz am 13.12.46. waren folgende Firmen eingeladen:

Dynamit A.G.	Troisdorf
Chemische Fabrik	Kempen/Niederrhein
Friedrich Fuhs & Co.,	Solingen
Th.Goldschmidt A.G.	Essen/Ruhr
Hecker & Greven K.G. Chemische Fabrik	Düsseldorf-Heerdt
Henkel & Cie., G.m.b.H.	Düsseldorf
I.G. Farbenindustrie A.G.	Leverkusen
I.G. Farbenindustrie A.G.	Uerdingen
Jagenberg-Werke A.G.	Düsseldorf
Wilhelm Keime, Chem.Fabrik	Köln-Ehrenfeld
Carl Klaffke, Hautleimfabrik	Wuppertal-Oberbarmen
"Plus" Chem.Fabrik G.m.b.H.	Wuppertal-Cronenberg
Stroemer & Schomers	Köln-Wesseling
Gebr. Wachler	Aachen

Zur vorstehend genannten Gründungsversammlung hatten folgende Firmen Vertreter entsandt:

Dr.Brandenburg & Weyland Chemische Fabrik	Kempen/Niederrhein
Th.Goldschmidt A.G.	Essen/Ruhr
Hecker & Greven K.G., Chemische Fabrik	Düsseldorf-Heerdt
Henkel & Cie., G.m.b.H.	Düsseldorf
I.G. Farbenindustrie A.G.	Leverkusen
I.G. Farbenindustrie A.G.	Uerdingen
Jagenberg-Werke A.G.	Düsseldorf
Wilhelm Keime, Chem.Fabrik	Köln-Ehrenfeld
Carl Klaffke, Hautleimfabrik	Wuppertal-Oberbarmen
Kessack A.G., Chem.Fabrik	Düsseldorf
Gebr. Wachler	Aachen
Westdeutsches Extraktionswerk G.m.b.H.	Neuss/Rhein

Wirtschaftsverbandes Chemische Industrie Bezirksverband Nord-Rheinprovinz vierzehn Firmen aller Klebstoffsparten nach Düsseldorf ins Haus der Deutschen Eisenhüttenleute ein. Die räumliche Verortung der Initiative war kein Zufall. Zu der Zeit hatte sich die Nord-Rheinprovinz mit ihrer ausgeprägten Industrielandschaft bereits als regionaler Nukleus für die Neuordnung von Wirtschaftsverbänden etabliert. Die Britische Besatzungszone bildete mit rund 80 % der Produktionskapazitäten das Zentrum der deutschen Pflanzenleimindustrie.

Bei dem für den 13.12.1946 anberaumten Treffen sollte in Anwesenheit von einem Vertreter des nordrhein-westfälischen Wirtschaftsministeriums über die Gründung eines Fachverbandes aller Klebstoffsparten beraten werden. Zwölf der angeschriebenen Unternehmen entsandten Vertreter, darunter so bedeutende Hersteller wie Henkel & Cie. GmbH, Th. Goldschmidt A.G., Jagenberg-Werke A.G., Gebr. Wachler KG oder die Kossack A.G. Das positive Echo unterstreicht die Überzeugungskraft von Schumachers Modell eines einheitlichen Fachverbandes.

Tatsächlich erfolgte der Beschluss zur Gründung des „Fachverbandes Leime, Klebstoffe und Gelatine" mit Sitz in Düsseldorf einstimmig. Die anwesenden Herren wählten Max Schumacher zum 1. Vorsitzenden. Er übernahm zugleich die Geschäftsführung, was aufgrund des geringen Arbeitsaufkommens durchaus praktikabel war. Mit ihrem personellen Engagement untermauerte die Firma Henkel von Beginn an den Anspruch auf eine führende Rolle innerhalb des Verbandes. Die Hersteller tierischer Leime sahen sich durch Herrn Strassmann von der Fa. Carl Klaffke aus Wuppertal als 2. Vorsitzenden angemessen in der Führung vertreten. Die Sparte „Synthetische Leime" repräsentierte als 3. Vorsitzender Herr Menger von der IG Farbenindustrie, Uerdingen. Offenkundig wurde dem innerverbandlichen Fachsparten-Proporz große Aufmerksam beigemessen. Zudem zeichnete sich ab, dass der bereits existierende Fachverband „Tierische Leime" für Westfalen unter Leitung von Herrn Achenbach mit den Düsseldorfern zu fusionieren beabsichtigte. In diesem Falle sollte Herr Achenbach als 2. Vorsitzender an Stelle von Herrn Strassmann rücken.

Einzelne Fachabteilungen schienen noch nicht in der Planung, zumindest fanden sie keinen Niederschlag im Protokoll. Jene Interessengruppen, die nicht für den Vorstand berücksichtigt worden waren, setzten durch, dass sie für die Verhandlung ihrer spezifischen Belange Obleute entsenden durften. Die

Lederleimfabrikanten benannten hierfür gewissermaßen als Vorratsbeschluss Dr. Lochner von der Fa. Brandenburg & Weyland, Kempen.

AUSEINANDERSETZUNGEN UM DIE VERBANDSEINHEIT

Max Schumacher hatte sein Ziel erreicht – der branchenumfassende, alle Sparten vereinende Fachverband. Die Freude währte indes nur kurz. Denn knapp einen Monat später, am 7.1.1947, gründeten in Hannover Produzenten tierischer Leime einen entsprechenden „Fachverband der Hersteller tierischer Leime" in der Britischen Besatzungszone. Eine Einladung an die Düsseldorfer hatte der Initiator, Prokurist Günther Sach von der Chemischen Düngerfabrik Rendsburg, nicht verschickt. Hierüber ärgerte sich Max Schumacher mächtig, sah er doch sein Modell eines branchenumfassenden Gesamtverbandes unter Leitung von Henkel akut gefährdet.

In Abgrenzung zur Hannoveraner Konkurrenz sprach sich die Mitgliederversammlung daher am 9.4.1947 für die Umbenennung in „Bezirksgruppe Nord-Rheinprovinz des Fachverbandes Leime und Klebstoffe" aus. Damit signalisierte sie, dass Gelatineproduzenten nicht länger mit an Bord waren. Trotz der Meinungsverschiedenheiten hielten die Verantwortlichen beider Seiten am Ziel der Brancheneinheit fest. Tatsächlich gelang die Verständigung, und am 22.10.1947 fusionierten beide Verbände zum „Fachverband Leime und Klebstoffe im Wirtschaftsverband Chemie" (britisches Kontrollgebiet). Der Geltungsbereich des neuen Fachverbandes schloss mit dem heutigen Nordrhein-Westfalen die industrielle Kernregion Deutschlands ein. Darüber hinaus zählten Niedersachsen, Schleswig-Holstein sowie Hamburg zum Einzugsbereich. Die drei Fachabteilungen „Tierische Leime", „Pflanzliche Leime" und „Synthetische Leime" bildeten die nachgeordnete Arbeitsebene. Schlussendlich hatte Max Schumacher sein Konzept eines Branchenverbandes nicht nur bewahren, sondern auf die gesamte britische Zone ausdehnen können.

Den neuen Vorstand bildeten nun der 1. Vorsitzende Direktor Max Schumacher von den Henkel & Cie. GmbH / Düsseldorf, der 2. Vorsitzender Prokurist Günther Sach von der Chemischen Düngerfabrik / Rendsburg sowie der 3.

Vorsitzende Direktor Erwin Wiese von der Fa. Tivoli Werke / Hamburg. Zusätzlich entsandten die Fachabteilungen jeweils zwei Mitglieder in den Vorstand. Mit den Herren Achenbach, Müller, Wachler, Branding, Menger und Seidler schloss sich der Kreis, der die Geschicke der Leim- und Klebstoffindustrie in den kommenden Jahren maßgeblich mitbestimmen sollte.

Eine Satzung scheint in den Folgemonaten erarbeitet worden zu sein, ist aber nicht überliefert. Wir wissen allerdings aus der auf das Frühjahr 1948 datierenden Geschäftsordnung für Vorstand und Geschäftsführung um ihre Existenz. Im Vereinsregister beim Amtsgericht Düsseldorf findet sich kein Eintrag, was mit Blick auf den Namen auch nicht zu erwarten war – der Zusatz „e. V." fehlte. Die Unterlagen erlauben nebenstehendes Organigramm zu rekonstruieren.

Zum ehrenamtlichen Geschäftsführer des gesamten Fachverbandes bestellte man Dr. Wolfgang Lübbert von den Henkel-Werken, was die Position des Düsseldorfer Unternehmens im Fachverband weiter stärkte. Zusätzlich übernahm er das Alltagsgeschäft der Fachabteilungen „Pflanzliche Leime" und „Synthetische Leime und Klebstoffe". Dr. Lübbert verfügte über Erfahrungen in der Verbandsarbeit, hatte er doch vor 1945 den Produktionsausschuss der Fachgruppe „Leime, Klebstoffe und Gelatine" geleitet. Für die Fachabteilung „Tierische Leime" zeichnete hingegen Herr Hollmann verantwortlich, was die nach wie vor existierende innere Friktion des Fachverbandes dokumentierte.

Abb. 10: Adolf Müller(-Born) und Dr. Wolfgang Lübbert, erster und dritter von links, um 1948 (aus: Schöne, Manfred „Leimabteilung", S. 44-45).

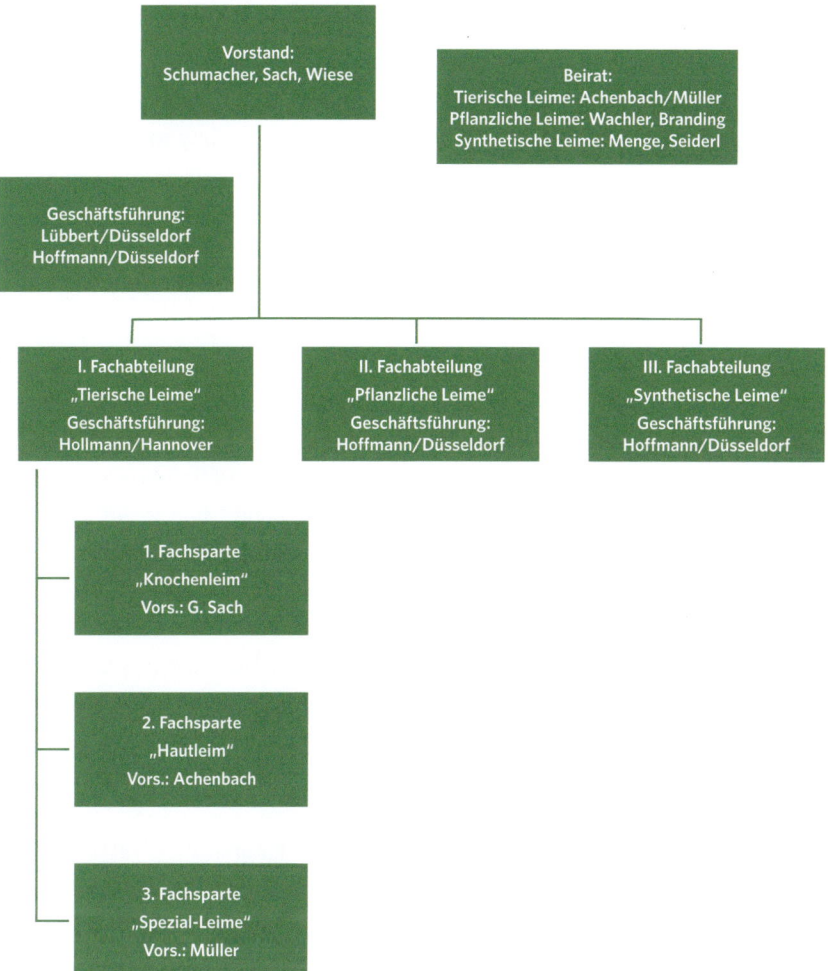

Abb. 11: Organigramm des Fachverbandes „Leime und Klebstoffe" im Britischen Kontrollgebiet 1947 – 1949.

Wie mühsam der Alltag eines Geschäftsführers sein konnte, geht aus einem Schreiben von Karl-Heinz Hollmann an die Wirtschaftsverwaltung in Minden hervor. Darin bat er um die amtliche Zuweisung eines PKW wegen seiner umfänglichen Reisetätigkeit. Allein vom 1.1.1948 bis zum 16.2.1948 wäre er an 23 Tagen mit Bahn und Bus unterwegs gewesen. Für den Fall, dass die Behörde keinen PKW zuweisen könnte, schlug Hollmann vor, ihm Bezugsscheine über 2 t Eisen zukommen zu lassen, „da wir dann die Möglichkeit haben, einen PKW zu erhalten". Bekanntlich zählten Tauschgeschäfte zu den verbreiteten Handelsformen in jenen Jahren – so auch in diesem Falle.

Das Schreiben von Hollmann belegt, dass die Geschäftsführung keineswegs mehr so nebenbei auf ehrenamtlicher Basis zu bewältigen war. Vermutlich gab das rasch wachsende Arbeitsaufkommen den Ausschlag dafür, dass zum 1.3.1948 ein neuer, nunmehr hauptamtlicher Geschäftsführer eingestellt wurde. Im Einvernehmen mit dem Wirtschaftsverband Chemie fiel die Wahl auf den vormaligen Oberregierungsrat im Reichswirtschaftsministerium und später in der Mindener Wirtschaftsverwaltung, Dr. Alfred Hoffmann. Der studierte Chemiker und Jurist verfügte über große Verwaltungserfahrung und beste Kontakte zur Zonenbürokratie. Zugleich leitete Hoffmann als Geschäftsführer die Geschicke der Fachabteilungen „Pflanzliche Leime" und „Synthetische Leime und Klebstoffe". Des Weiteren nominierte man ihn als Sachverständigen für den Länderfachausschuss Chemie und den Länderfachausschuss Kunststoffe.

Denkbar ist auch, dass neben dem Arbeitsaufkommen die Fachabteilung „Tierische Leime" auf eine personelle und räumliche Entflechtung des Vorsitzes und der Geschäftsführung gedrängt wurde. Jedenfalls war der „Neue" kein Henkelaner, und die Geschäftsführung logierte künftig in der Benrather Straße 19 in Düsseldorf – nahe bei, nicht aber im Henkel-Werk. Dort begründete man eine Bürogemeinschaft mit dem Wirtschaftsverband Chemie, Nord-Rheinprovinz, die über viele Jahre Bestand haben sollte. Übrigens beschloss der Vorstand im Herbst 1948 sogar den Umzug nach Frankfurt a. M. zur Zentrale des künftigen Verbandes der Chemischen Industrie. Dazu ist es bekanntlich nie gekommen.

Vier Monate musste Dr. Hoffmann ohne Sekretärin die Geschäfte erledigen. Denn das zum 1.3.1948 eingestellte „Fräulein" Schanze verfügte zwar über die seinerzeit erforderliche Zuzugsgenehmigung nach Düsseldorf, nicht aber über eine bezugsfähige Wohnung. Erst Anfang Juli fand sie eine Unterkunft und konnte ihre neue Stelle antreten.

Entsprechend des Vorschlages von Rechtsanwalt Gustav Stein, Syndikus der Tropon-Werke Köln und späterer Geschäftsführer des Bundesverbandes der Deutschen Industrie, wurden die Fachabteilungen zu nachgeordneten Organen des Fachverbandes. Steins Vorschlag fand am 5.2.1948 die Billigung des Vorstandes. Ein weiterer Vorstandsbeschluss betraf die Umbenennung der Fachabteilung „Synthetische Leime" in „Synthetische Leime und Klebstoffe". Damit brachte man die technische Entwicklung auf diesem Felde auch sprachlich treffender zum Ausdruck.

Bescheidenes Ambiente, spannende Tagesordnung: Die erste ordentliche Mitgliederversammlung am 25./26.5.1948 in Detmold

Zur ersten Mitgliederversammlung lud der Vorsitzende Schumacher nach Detmold in Ostwestfalen ein. Das Ambiente darf den Umständen gemäß als bescheiden eingeschätzt werden. Ein Hauch von Jugendherberge umwehte den auf der Einladung vermerkten Hinweis, die Teilnehmer mögen ihre Bettwäsche doch bitte selber mitbringen. Für die Verpflegung hatten die Gäste Lebensmittelmarken abzugeben und zwar über 50 g Fleisch, 5 g Fett, 250 g Kartoffeln, 50 g Nährmittel, 20 g Zucker und 150 g Brot. Das hört sich eher nach Hausmannskost an – aber so waren eben die Zeiten.

Wie angespannt das Verhältnis zwischen den einzelnen Fachabteilungen blieb, kam allein schon in den verschiedenen Begrüßungsansprachen zum Ausdruck. Der Vorsitzende Max Schumacher würdigte den Beitrag der Fachabteilung Tierische Leime für den Verband, unterstrich zugleich die volle Übereinkunft mit süddeutschen Herstellern wegen der künftigen Kooperation und suchte so eine verbindliche Atmosphäre zu erzielen. Hingegen hob sein Kontrahent Sach recht unverblümt hervor, dass als eigentliche Keimzelle des heutigen Fachverbandes Leime und Klebstoffe die Fachabteilung „Tierische Leime" gelten müsse. Zwischen den Zeilen lässt sich daraus wohl ein Führungsanspruch lesen.

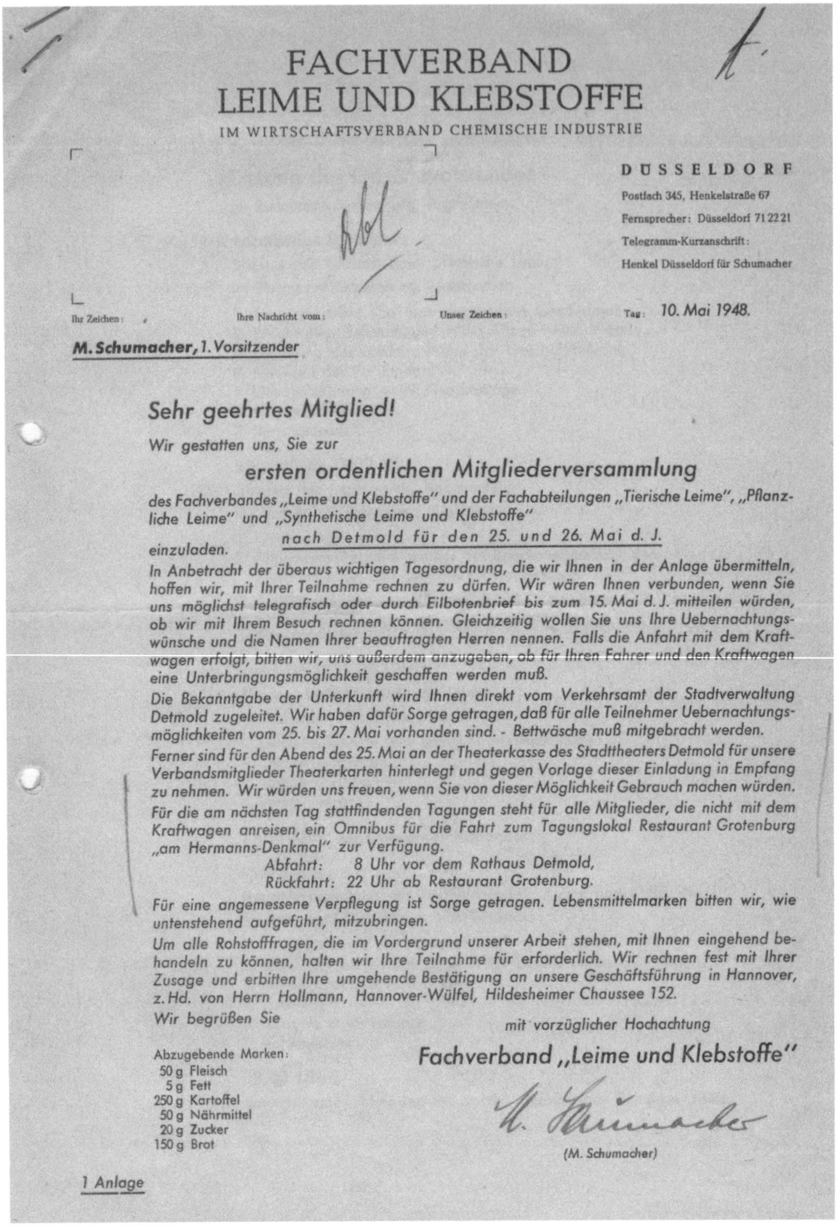

FACHVERBAND
LEIME UND KLEBSTOFFE
IM WIRTSCHAFTSVERBAND CHEMISCHE INDUSTRIE

DÜSSELDORF
Postfach 345, Henkelstraße 67
Fernsprecher: Düsseldorf 71 22 21
Telegramm-Kurzanschrift:
Henkel Düsseldorf für Schumacher

Ihr Zeichen: Ihre Nachricht vom: Unser Zeichen: Tag: 10. Mai 1948.

M. Schumacher, 1. Vorsitzender

Sehr geehrtes Mitglied!

Wir gestatten uns, Sie zur

ersten ordentlichen Mitgliederversammlung

des Fachverbandes „Leime und Klebstoffe" und der Fachabteilungen „Tierische Leime", „Pflanzliche Leime" und „Synthetische Leime und Klebstoffe" nach Detmold für den 25. und 26. Mai d. J. einzuladen.

In Anbetracht der überaus wichtigen Tagesordnung, die wir Ihnen in der Anlage übermitteln, hoffen wir, mit Ihrer Teilnahme rechnen zu dürfen. Wir wären Ihnen verbunden, wenn Sie uns möglichst telegrafisch oder durch Eilbotenbrief bis zum 15. Mai d. J. mitteilen würden, ob wir mit Ihrem Besuch rechnen können. Gleichzeitig wollen Sie uns Ihre Uebernachtungswünsche und die Namen Ihrer beauftragten Herren nennen. Falls die Anfahrt mit dem Kraftwagen erfolgt, bitten wir, uns außerdem anzugeben, ob für Ihren Fahrer und den Kraftwagen eine Unterbringungsmöglichkeit geschaffen werden muß.

Die Bekanntgabe der Unterkunft wird Ihnen direkt vom Verkehrsamt der Stadtverwaltung Detmold zugeleitet. Wir haben dafür Sorge getragen, daß für alle Teilnehmer Uebernachtungsmöglichkeiten vom 25. bis 27. Mai vorhanden sind. - Bettwäsche muß mitgebracht werden.

Ferner sind für den Abend des 25. Mai an der Theaterkasse des Stadttheaters Detmold für unsere Verbandsmitglieder Theaterkarten hinterlegt und gegen Vorlage dieser Einladung in Empfang zu nehmen. Wir würden uns freuen, wenn Sie von dieser Möglichkeit Gebrauch machen würden.

Für die am nächsten Tag stattfindenden Tagungen steht für alle Mitglieder, die nicht mit dem Kraftwagen anreisen, ein Omnibus für die Fahrt zum Tagungslokal Restaurant Grotenburg „am Hermanns-Denkmal" zur Verfügung.

Abfahrt: 8 Uhr vor dem Rathaus Detmold,
Rückfahrt: 22 Uhr ab Restaurant Grotenburg.

Für eine angemessene Verpflegung ist Sorge getragen. Lebensmittelmarken bitten wir, wie untenstehend aufgeführt, mitzubringen.

Um alle Rohstofffragen, die im Vordergrund unserer Arbeit stehen, mit Ihnen eingehend behandeln zu können, halten wir Ihre Teilnahme für erforderlich. Wir rechnen fest mit Ihrer Zusage und erbitten Ihre umgehende Bestätigung an unsere Geschäftsführung in Hannover, z. Hd. von Herrn Hollmann, Hannover-Wülfel, Hildesheimer Chaussee 152.

Wir begrüßen Sie

mit vorzüglicher Hochachtung

Fachverband „Leime und Klebstoffe"

M. Schumacher

(M. Schumacher)

Abzugebende Marken:
50 g Fleisch
5 g Fett
250 g Kartoffel
50 g Nährmittel
20 g Zucker
150 g Brot

1 Anlage

Abb. 12: Einladung zur ersten ordentlichen Mitgliederversammlung des Fachverbandes „Leime und Klebstoffe" (Britisches Kontrollgebiet) am 25./26.5.1948 in Detmold (IVK-Archiv, Düsseldorf).

Tagesordnungen

25. Mai 1948 nachmittags 15,00 Uhr:

Sitzung des Gesamtvorstandes
im Restaurant Grotenburg, Jagdzimmer.

26. Mai 1948 vormittags 8,30 Uhr:

Sitzung der Fachabteilung „Tierische Leime"
im Restaurant Grotenburg, Klubzimmer.

1. Tätigkeitsbericht über das abgelaufene Geschäftsjahr.
2. Bericht über Rohstoff- und Hilfsstofflage sowie Importe.
3. Entlastung des Vorstandes und der Geschäftsführung.
4. Neuwahl des Vorstandes.
5. Geschäftsführung – Mitgliedsbeiträge.
6. Bizonaler Verband.
7. Verschiedenes.

vormittags 11,00 Uhr:

Sitzung der Fachsparte „Knochenleim"
im Restaurant Grotenburg, Klubzimmer.

1. Quotierungsfragen.
2. Allgemeine Anordnung über die Knochensammlung, den Knochenhandel und die Knochenverarbeitung.
3. Knochenpreise.
4. Seifenprämie.
5. Verschiedenes.

vormittags 11,00 Uhr:

Sitzung der Fachsparte „Hautleim"
im Restaurant Grotenburg, Klubzimmer.

1. Leimlederleitstelle und Leimlederbewirtschaftung.
2. Quotierungsfragen.
3. Technische Gelatine.
4. Verschiedenes.

13,00 Uhr: Gemeinsames Mittagessen.

15,00 Uhr:

Hauptversammlung des Fachverbandes „Leime und Klebstoffe"
im Restaurant Grotenburg, Großer Saal.

1. Tätigkeitsbericht des Vorstandes.
2. Entlastung des Vorstandes und der Geschäftsführung.
3. Neuwahl des Vorsitzenden.
4. Satzungen.
5. Bizonale Zusammenarbeit.
6. Verschiedenes.

18,00 Uhr:
Gemeinsames Abendessen, anschl. gemütliches Beisammensein.

Abb. 13: Tagesordnungen der ersten ordentlichen Mitgliederversammlung am 25./26.5.1948 in Detmold (IVK-Archiv, Düsseldorf).

In organisatorischen Angelegenheiten standen vor allem zwei strittige Fragen zur Diskussion: Erstens, wie gestaltet sich die künftige innerverbandliche Machtbalance zwischen den einzelnen Fachabteilungen? Insbesondere die Fachabteilung „Tierische Leime" pochte auf ein hohes Maß an Autonomie, was in der separaten Geschäftsführung, in der Forderung nach eigenen Gremiensitzen beim Wirtschaftsverband Chemie und dem turnusmäßig wechselnden Vorsitz zum Ausdruck kam. Ein halbes Jahr später forderte Günther Sach gar die Übernahme der Geschäftsführung des Fachverbandes, ein Ansinnen, das die Gruppe um Max Schumacher umgehend zurückwies. Wie dem auch sei, die Forderungen standen im Raum und würden ihre Sprengkraft in den nächsten anderthalb Jahren unter Beweis stellen.

Zweite Frage: In welcher Form sollte eine Ausdehnung des Fachverbandes auf die Bi- bzw. Trizone erfolgen? Dabei war zu entscheiden, ob man eine eher lose Arbeitsgemeinschaft mit den süddeutschen Unternehmen eingehen oder sofort einen einheitlichen westzonalen Fachverband aus der Taufe heben wollte. Die Vertreter der Hersteller tierischer Leime favorisierten im Schulterschluss mit den Knochen- und Hautleimproduzenten aus Süddeutschland die Arbeitsgemeinschaft. Sie würde ihnen größere Freiheiten erhalten und die befürchtete Dominanz der Pflanzenleimhersteller sowie der Produzenten synthetischer Klebstoffe eher ins Leere laufen lassen. Da auch Rechtsanwalt Stein von der Chemischen Industrie auf der Vorstandssitzung am 5.2.1948 eine Arbeitsgemeinschaft vorschlug, setzte sich dieses Modell zuerst einmal durch. Max Schumacher zeigte sich kompromissbereit, wobei er das Fernziel eines westzonalen Branchenverbandes nie aus den Augen verlor. Seit Anfang 1949 wohnten mit Dr. Pfeiffer und Dr. Merkel (beide Türmerleim-Werke, Ludwigshafen) der Obmann der Klebstoffhersteller in der Französischen Besatzungszone bzw. sein Stellvertreter den Vorstandssitzungen bei. Für die bayerischen Leimhersteller saß Herr Hesselmann (Planatolwerk W. Hesselmann, Rohrdorf-Thansau) mit in den Gremien.

Der Riss war nicht zu kitten

Letztlich konnten die Meinungsverschiedenheiten nicht aus der Welt geschaffen werden. Der Konflikt eskalierte im Herbst und Winter 1948/49. In einem „scharfen Brief" an den Vorsitzenden Max Schumacher hatten die Frondeure ihre Forderungen zum wiederholten Male geltend gemacht. Schumacher verlas das Schreiben auf der Vorstandssitzung am 2.12.1948 in Bad Meinberg, um im Anschluss den Wunsch nach mehr Selbstständigkeit kühl zurückzuweisen. Diese Forderung, so Schumacher, sei keineswegs neu, sondern bereits in einem Rundschreiben vom 4.9.1948 formuliert worden. Neu hingegen sei der harsche Tonfall. Der Konflikt führte schließlich Ende 1949 zur Spaltung der deutschen Leim- und Klebstoffindustrie.

Warum pochten die Hersteller „Tierischer Leime" um Günther Sach so hartnäckig auf ihre Autonomie? Möglicherweise fürchteten sie eine wachsende wirtschaftliche Unterlegenheit der eigenen Sparte und bangten damit um ihren Einfluss innerhalb des Fachverbandes. Mit der ökonomischen Prognose lagen sie im Übrigen durchaus richtig. Max Schumacher rückte denn auch schon mal die Verhältnisse zurecht, als er auf die Überlegenheit der Hersteller Pflanzlicher und Synthetischer Leime hinwies, deren ökonomisches Potential fünfmal so hoch wie jenes der Hersteller Tierischer Leime zu veranschlagen wäre. In den folgenden Jahrzehnten verlor die tierische Leimproduktion gegenüber der Herstellung synthetischer Klebstoffe weiter dramatisch an Boden. Betrug das Produktionsverhältnis 1952 noch 1:7, so lag es zwanzig Jahre später bereits bei 1:12. Im Jahr 1959 dominierte der Fachverband Leime und Klebstoffe den Klebstoffmarkt mit 70 %, die restlichen 30 % lieferten die Mitgliedsfirmen der anderen drei Haut-, Knochen- und Spezialleimverbände.

Von den Pflanzenleimherstellern und den Produzenten synthetischer Klebstoffe wissen wir, dass sie den künftigen Branchentrend wie ihre Kontrahenten beurteilten, diesem verständlicherweise aber weitaus gelassener entgegen sahen. Eine Abspaltung werteten sie folgerichtig nicht als Katastrophe. Gleichwohl muss betont werden, dass es dem Fachverband über all die Jahre stets gelungen ist, die spezifischen Interessen aller Gruppierungen angemessen zu

berücksichtigen. Die Sorgen der Hersteller tierischer Leime scheinen im Lichte dieser Erfahrungen daher überzogen.

Im Laufe des Jahres 1949 deuteten alle Zeichen auf Separation. Tatsächlich bildete sich zum 1.1.1950 ein „Verband der Leim- und Gelatine-Industrie" mit Sitz in Bad Homburg. Zu seinen Unterorganisationen zählten der

- Fachverband der Hautleim-Industrie, Darmstadt
- Fachverband der Knochenleim-Industrie, Frankfurt a. M.
- Fachverband der Kaseinkaltleim- und Spezialleim-Industrie, Darmstadt.

Des Weiteren war die Gelatine-Industrie in Form einer Fachvertretung dem Verband angegliedert.

Eine Gründungssitzung im engsten Kreis

Angesichts der erkennbaren Abspaltung zogen Max Schumacher, Friedrich Branding und Erwin Wiese die Reißleine. Sie verständigten sich über einen eigenen „Fachverband Leime und Klebstoffe (Vereinigung der Hersteller von Pflanzenleimen und von Synthetischen Leimen und Klebstoffen) im Bundesverband der Chemischen Industrie".

Das entscheidende Treffen fand am Vormittag des 14.12.1949 in Frankfurt a. M. unter der Leitung von Direktor Max Schumacher statt. Er legte den anwesenden sechs Herren einen ausgearbeiteten Satzungsentwurf vor, den sie mit geringfügigen Änderungen einstimmig billigten. Damit hatten sie nach eigenem Bekunden den Fachverband gegründet. Einzig Dr. Schultz behielt sich aus unbekannten Gründen einen späteren Beitritt vor. Der Einladung nicht gefolgt war Herr Hesselmann, Obmann der bayerischen Leim- und Klebstoffindustrie. Telefonisch hatte er gegenüber Geschäftsführer Hoffmann unaufschiebbare Termine als Grund seines Fernbleibens genannt. Allerdings verwies er im gleichen Atemzug darauf, dass nach Auffassung der bayerischen Industrie mit dem Wegfall der Rohstoffschwierigkeiten keine fachliche Organisation mehr nötig wäre. Hesselmanns Verhalten drückte nochmals die Vorbehalte süddeutscher Unternehmer gegenüber der vermeintlichen norddeutschen Dominanz aus.

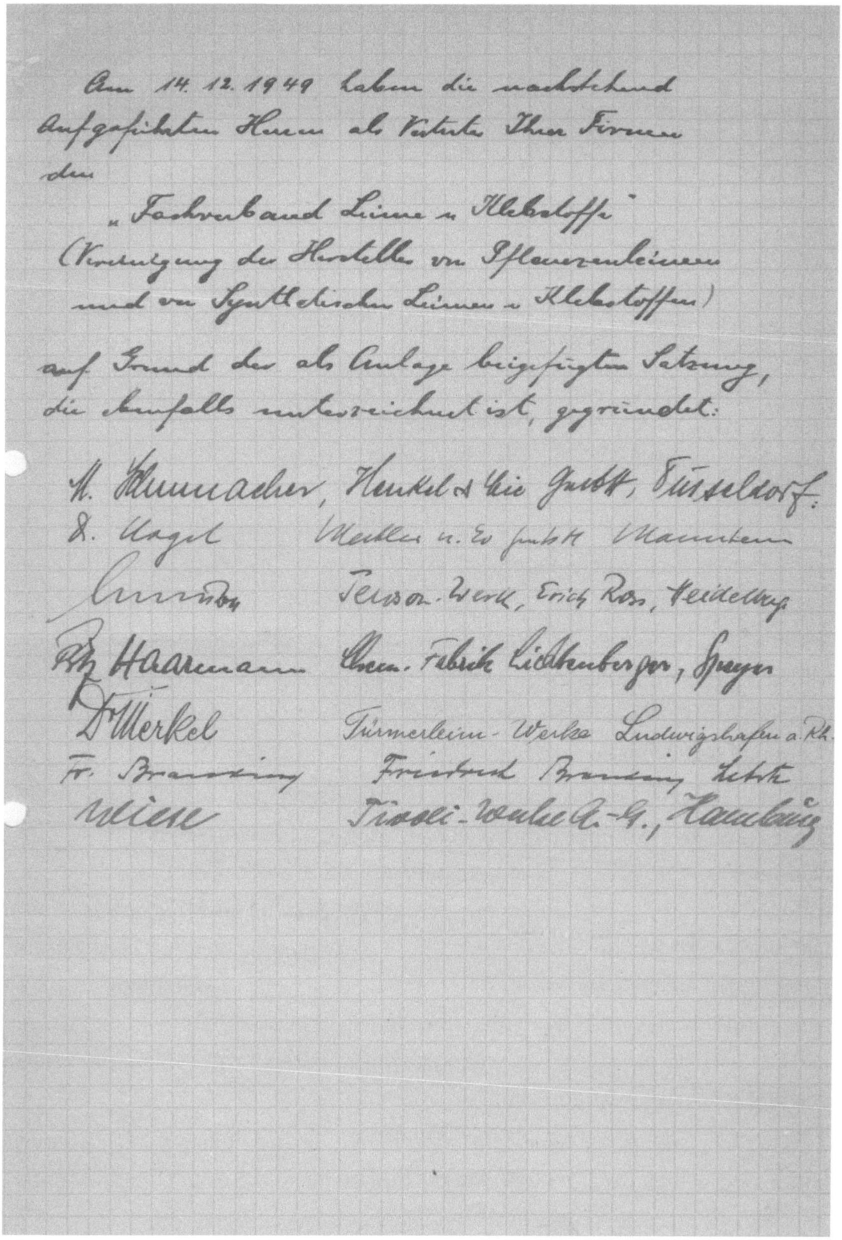

Abb. 14: Handschriftlicher Vermerk über die Gründung des Fachverbandes Leime und Klebstoffe in Frankfurt a. M. am 14.12.1949 (IVK-Archiv, Düsseldorf).

Tab. 4: Teilnehmer der Gründungssitzung des Fachverbandes Leime und Klebstoffe am 14.12.1949 in Frankfurt a. M.

Name, Vorname	Unternehmen / Stadt
Schumacher, Dir. Max	Henkel & Cie. GmbH, Düsseldorf
Nagel, Dr.	Mechler & Co. GmbH, Mannheim
Ross, Erich	Teroson-Werk Erich Ross, Heidelberg
Haarmann, Fritz	Chemische Fabrik Lichtenberger, Speyer
Merkel, Dr. Karl	Türmerleim-Werke, Ludwigshafen
Branding, Friedrich	Friedrich Branding, Lehrte
Wiese, Dir. Erwin	Tivoli-Werke AG, Hamburg
Schultz, Dr.	Klebstoffwerke Collodin Dr. Schultz & Nauth K.G., Frankfurt a. M. – Mainkur
Hoffmann, Dr. Alfred	Geschäftsführung

Einstimmig wählten die Anwesenden Direktor Max Schumacher von der Firma Henkel zum Vorsitzenden. Damit setzte er die bis heute bestehende Tradition fort, der zufolge der Verbandsvorsitzende vom führenden Klebstoffhersteller Henkel kommt. Die Wahl des Vorstandes verschob man auf die erste Mitgliederversammlung im darauffolgenden Jahr, um ihm so größtmögliche Legitimation zu verschaffen. Den vorläufigen Vorstand bildeten Max Schumacher und Erwin Wiese.

Zum Obmann der Fachabteilung „Pflanzliche Leime" wählten die Anwesenden Dr. Nagel von der Firma Mechler & Co. GmbH aus Mannheim. Mit ihm war der südwestdeutsche Raum auch im designierten Vorstand prominent vertreten. Obmann der Fachabteilung „Synthetische Leime und Klebstoffe" wurde Direktor Wiese von der Tivoli-Werke AG aus Hamburg-Eiderstedt. Die Zusammensetzung spiegelt wie bisher den regionalen Proporz wieder. Zugleich waren klein- und mittelständische Firmen ebenso wie Großunternehmen angemessen im Vorstand repräsentiert. Das entsprach der alliierten Vorgabe bezüglich innerverbandlicher Ausgewogenheit.

Sämtliche weiteren Fragen sollten auf der ersten ordentlichen Mitgliederversammlung geregelt werden, zu der Erich Ross für den 8.3.1950 in sein Unternehmen, die Teroson-Werke nach Heidelberg einlud.

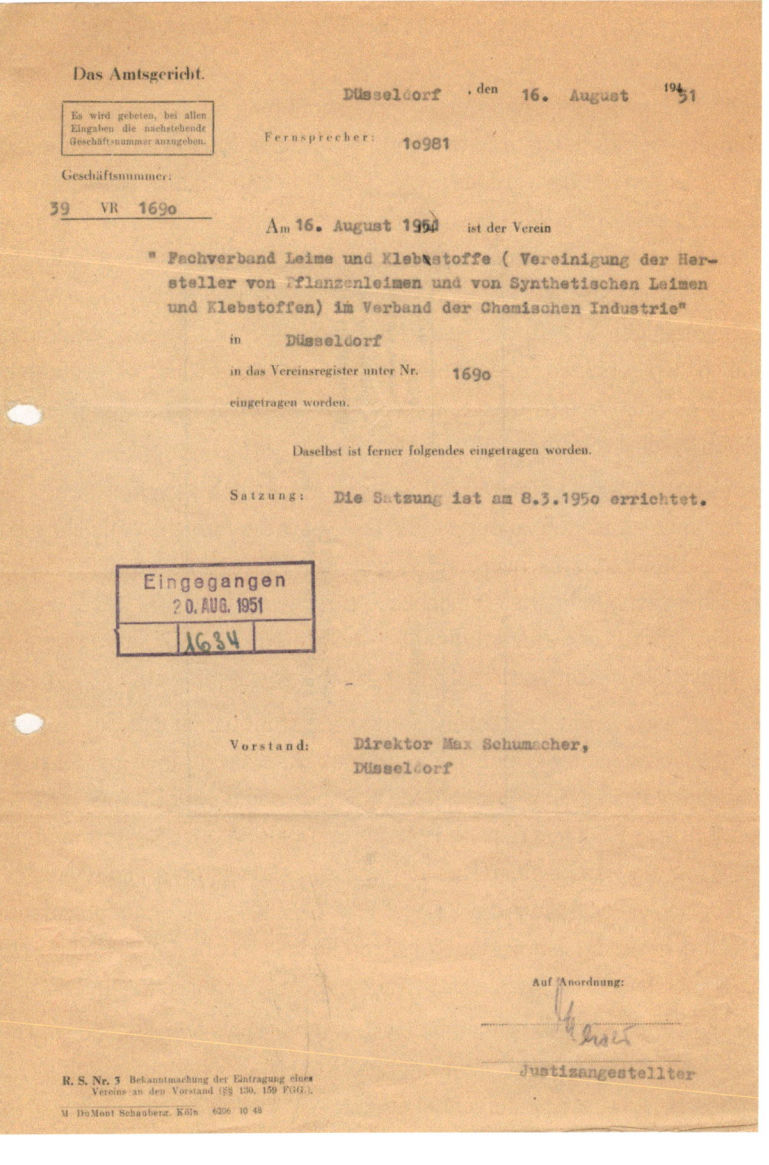

Abb. 15: Eintrag des „Fachverband Leime und Klebstoffe (Vereinigung der Hersteller von Pflanzenleimen und von Synthetischen Leimen und Klebstoffen) im Verband der Chemischen Industrie" ins Vereinsregister des Amtsgerichts Düsseldorf, 16.8.1951 (IVK-Archiv, Düsseldorf).

1946 – 1948 – 1950: Welches ist das „echte" Gründungsjahr?

Die auf der ersten ordentlichen Mitgliederversammlung am 8.3.1950 in Heidelberg einmütig verabschiedete Satzung stimmte bis auf wenige und unbedeutende Änderungen mit dem Entwurf vom 14.12.1949 überein, den Max Schumacher einem kleinen Kreis Gleichgesinnter vorgelegt hatte. Aus vereinsrechtlicher Sicht stellt ihre Verabschiedung gemeinsam mit der Wahl eines Vorstandes den eigentlichen Gründungsakt des Fachverbandes Leime und Klebstoffe e. V. und damit des heutigen Industrieverband Klebstoffe e. V. dar. Streng genommen handelte es sich um einen sogenannten „Vorverein", der erst mit der Aufnahme in das Düsseldorfer Vereinsregister am 16.8.1951 den offiziellen Status eines eingetragenen Vereins erlangte.

Dass es tatsächlich als eine Neugründung und nicht als die Weiterführung der bestehenden Organisation zu betrachten ist, belegt die formelle Auflösung des bis dahin existierenden Fachverbandes Leime und Klebstoffe im Wirtschaftsverband Chemische Industrie (Britisches Kontrollgebiet) am 4.7.1950. Auf dem Wege einer schriftlichen Abstimmung befürworteten 65 von 70 stimmberechtigten Mitgliedern dessen Auflösung, fünf gaben keine Stimme ab.

Die Frage nach dem eigentlichen Gründungsdatum handhabte der Verband in den Folgejahren recht flexibel. Während Max Schumacher in seiner Rede auf der Mitgliederversammlung 1951 in Bad Dürkheim den 8.3.1950 als Geburtstag auswies, führte er 1953 den Februar 1948 an. Erstmals hätten Klebstoffhersteller aus der gesamten Trizone einen Fachverband ins Leben gerufen. Für eine solche Auffassung fehlen allerdings die Belege. Der 13.12.1946 als Gründungsdatum setzte sich erst mit der Jahrestagung 1955 in Bad Neuenahr durch. Im bescheidenen Rahmen feierte der Fachverband damals sein 10-jähriges Bestehen.

Über die Gründe für diese Varianz lässt sich nur spekulieren, konkrete Hinweise liefern die Quellen nicht. Möglicherweise hat Max Schumacher seine Aussagen ohne ernsthaftere Hintergedanken getätigt. Vielleicht aber wollte er mit Zurückverlegung des Gründungsdatums in den Dezember 1946 zum Ausdruck bringen, dass er die Wurzeln des Fachverbandes untrennbar mit dem wundersamen Aufstieg Westdeutschlands aus einem tiefen Tal verbunden sah.

Wie dem auch sei, der Verband übernahm Schumachers letztgenannte Interpretation und richtete sein 25-jähriges wie sein 50-jähriges Jubiläum daran aus. Allerdings finden sich immer wieder abweichende Äußerungen. So verwies der Ehrenvorsitzende Adolf Müller-Born noch 1971 in seinem Redebeitrag auf der Mitgliederversammlung auf die Sitzung am 14.12.1949 als eigentlicher Geburtsstunde des Fachverbandes. Interessanterweise hatte der Vorstand selbst auf seiner Sitzung am 15.3.1968 für das Gründungsjahr 1950 plädiert. Die Entscheidung für die heute akzeptierte Lesart fiel schließlich auf der Mitgliederversammlung des Jahres 1969, nachdem man bereits in einigen Vorstandssitzungen über die potentiellen Gründungsjahre 1946, 1949 und 1950 beraten hatte. Auch diese Festschrift erscheint ja anlässlich des 70-jährigen Bestehens, verweist somit auf das Gründungsjahr 1946. Ein starkes Argument stützt diese Auffassung. Das Konzept eines Fachverbandes, der die Leim- und Klebstoffindustrie als Ganzes vereint, ist tatsächlich erstmals 1946 verwirklicht worden – wenn auch regional begrenzt.

III.3 Die frühe Verbandsarbeit

Über die inhaltliche Arbeit des Fachverbandes, soweit sie sich nicht mit organisatorischen Belangen in eigener Sache befassten, liegen kaum aussagekräftige Dokumente vor. Wir wissen aber aus der Forschungsliteratur und aus Quellen der Fachsparte Casein- und Spezialleime, dass acht Hauptprobleme auf der Agenda standen:

1. *Sicherstellung der Rohstoff- bzw. Vorproduktversorgung.* Dieser Punkt konnte Ende der 1940er Jahre als zufriedenstellend gelöst betrachtet werden.
2. *Wiederaufnahme und Liberalisierung des Außenhandels.* Die fehlende Konvertibilität der DM, die als „Dollar-Lücke" bekannte Devisenknappheit sowie die bürokratische Reglementierung des Außenhandels stellten schwer

verrückbare Hürden dar, welche die Verbandsarbeit auf Jahre beschäftigen sollten.

3. *Klärung der Währungssituation und Einführung eines funktionierenden Preissystems.* Vehement forderten die Klebstoffhersteller eine Währungsreform, die ja dann 1948 durchgeführt und zu einer spürbaren Verbesserung der volkswirtschaftlichen Situation geführt hatte.
4. *Ablösung des Bewirtschaftungssystems.* Gegen die „Unzulänglichkeiten" der behördlichen Reglementierungen hatten führende Verbandsvertreter immer wieder heftig und letztlich erfolgreich protestiert.
5. *Ende der alliierten Eingriffe in die Wirtschaft.* Das bereits erwähnte Damoklesschwert Enteignung und Demontage spielte immerhin bis zur Gründung der Bundesrepublik Deutschland am 23.5.1949 eine Rolle; allerdings sollte die Klebstoffindustrie hiervon vergleichsweise wenig betroffen sein.
6. *Berufserziehung und Nachwuchsfragen.* Diese uns sehr aktuell anmutenden Punkte führten schon frühzeitig zu entsprechenden Fördermaßnahmen seitens der Unternehmerverbände. Auch der Fachverband Leime und Klebstoffe hatte bereits auf einer Vorstandssitzung im Jahre 1948 entsprechende Initiativen ins Auge gefasst.
7. *Transport- und Verkehrswesen.* Die Probleme bei der Infrastruktur standen bis 1947 weit oben auf der Agenda, ehe sie aufgrund des allgemeinen Wiederaufbaus in den Hintergrund rückten.
8. *Statistik.* Der Fachverband sah eine Aufgabe darin, die Behörden mit verlässlichen statistischen Angaben über ihre Branche zu versorgen.

IV Aufbauen – umbauen – ausbauen: Die Struktur und Entwicklung des Fachverbandes seit 1950

Vereinssatzungen bereiten für gewöhnlich ein eher geringes Lesevergnügen. Trotzdem ist ihre eingehende Analyse in mancherlei Hinsicht aufschlussreich. So enthält die Gründungssatzung des Fachverbandes Leime und Klebstoffe e. V. vom 8.3.1950 etliche noch heute gültige Bestimmungen. Andere sind im Laufe der Jahre überarbeitet worden, zudem wurden wichtige Ergänzungen eingetragen. Meist reagierte der Verband damit auf sich ändernde wirtschaftliche, technische, politische und gesellschaftliche Rahmenbedingungen. Daher vermittelt die vermeintlich spröde Lektüre der Satzungen und das Studium der Verbandsorganisation verblüffend interessante Einsichten über den Fachverband und seine sich wandelnde Rolle in Wirtschaft und Gesellschaft.

IV.1 Ein gelungener Wurf: Die Gründungssatzung vom 8.3.1950

Allgemeine Bestimmungen

Das Kind trug einen sperrigen Namen: „Fachverband Leime und Klebstoffe (Vereinigung der Hersteller von Pflanzenleimen und von Synthetischen Leimen und Klebstoffen) im Verband der Chemischen Industrie", kurz Fachverband Leime und Klebstoffe. Das entsprach einer bei deutschen Unternehmensverbänden verbreiteten Gepflogenheit, auf die bereits im 19. Jahrhundert der berühmte „Langnam-Verein" selbstironisch angespielt hatte.

Der Vorsitzende Max Schumacher empfand die Bezeichnung als „keine glückliche Lösung", wobei er offen ließ, was genau ihn störte. Vermutlich ärgerte

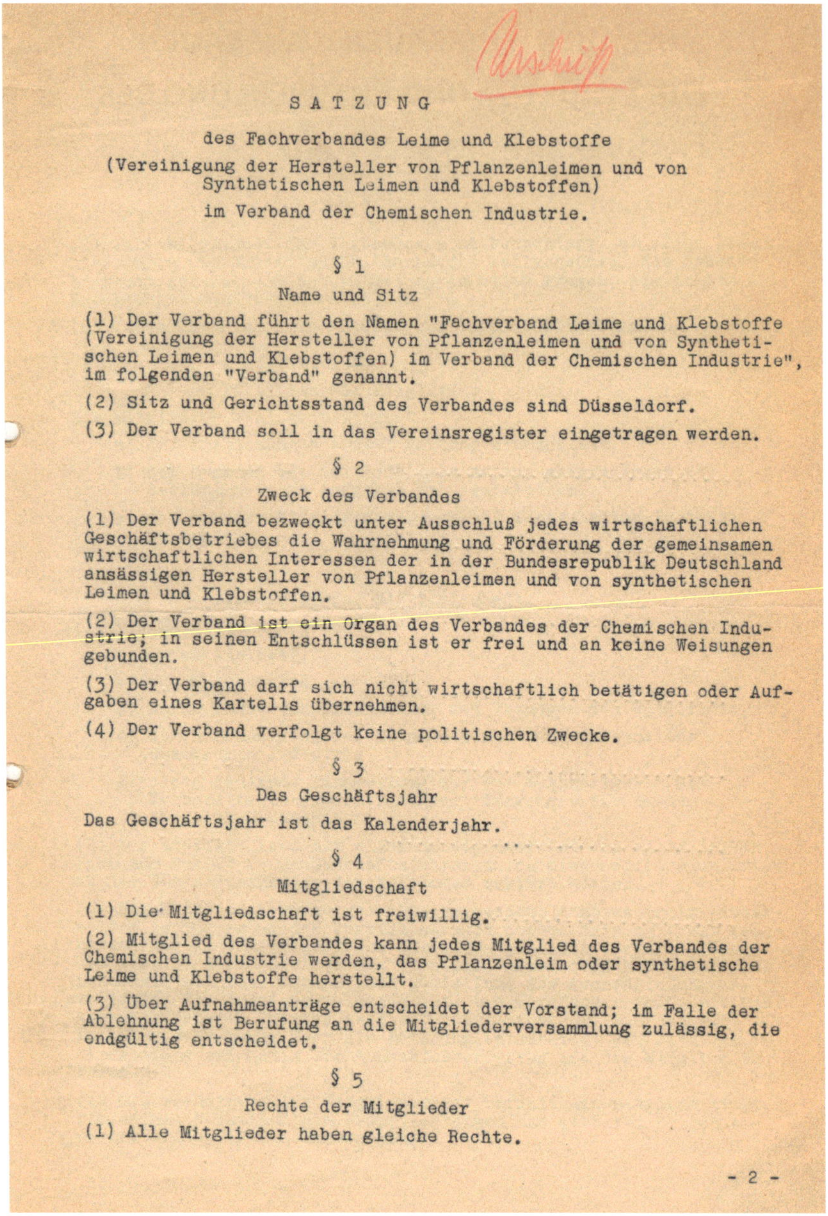

SATZUNG

des Fachverbandes Leime und Klebstoffe
(Vereinigung der Hersteller von Pflanzenleimen und von
Synthetischen Leimen und Klebstoffen)
im Verband der Chemischen Industrie.

§ 1
Name und Sitz

(1) Der Verband führt den Namen "Fachverband Leime und Klebstoffe (Vereinigung der Hersteller von Pflanzenleimen und von Synthetischen Leimen und Klebstoffen) im Verband der Chemischen Industrie", im folgenden "Verband" genannt.

(2) Sitz und Gerichtsstand des Verbandes sind Düsseldorf.

(3) Der Verband soll in das Vereinsregister eingetragen werden.

§ 2
Zweck des Verbandes

(1) Der Verband bezweckt unter Ausschluß jedes wirtschaftlichen Geschäftsbetriebes die Wahrnehmung und Förderung der gemeinsamen wirtschaftlichen Interessen der in der Bundesrepublik Deutschland ansässigen Hersteller von Pflanzenleimen und von synthetischen Leimen und Klebstoffen.

(2) Der Verband ist ein Organ des Verbandes der Chemischen Industrie; in seinen Entschlüssen ist er frei und an keine Weisungen gebunden.

(3) Der Verband darf sich nicht wirtschaftlich betätigen oder Aufgaben eines Kartells übernehmen.

(4) Der Verband verfolgt keine politischen Zwecke.

§ 3
Das Geschäftsjahr

Das Geschäftsjahr ist das Kalenderjahr.

§ 4
Mitgliedschaft

(1) Die Mitgliedschaft ist freiwillig.

(2) Mitglied des Verbandes kann jedes Mitglied des Verbandes der Chemischen Industrie werden, das Pflanzenleim oder synthetische Leime und Klebstoffe herstellt.

(3) Über Aufnahmeanträge entscheidet der Vorstand; im Falle der Ablehnung ist Berufung an die Mitgliederversammlung zulässig, die endgültig entscheidet.

§ 5
Rechte der Mitglieder

(1) Alle Mitglieder haben gleiche Rechte.

- 2 -

Abb. 16: Erste Satzung des „Fachverbandes – Leime und Klebstoffe e. V." vom 8.3.1950; erste und letzte Seite (IVK-Archiv, Düsseldorf).

- 6 -

§ 14
Verfügung über das Vermögen bei Auflösung des Verbandes

Bei Auflösung des Verbandes verfügt die letzte Mitgliederversammlung über das Vermögen. Es darf nur für die Förderung der chemischen Industrie oder der chemischen Wissenschaft verwandt werden. Eine Verteilung an die Mitglieder ist ausgeschlossen.

§ 15
Inkrafttreten der Satzung

Diese Satzung tritt am 8.3.1950 in Kraft.

Düsseldorf, den 8. März 1950.

M. Schumacher

E. Wiese

Dr. K. Merkel

A. Müller

F. Reusch

E. Ross

O. Wilhelm

Der aufgeführte Verein wurde heute in das Vereinsregister unter Nr. 1690 eingetragen.
Düsseldorf, den 15.8.1951
Justizangestellter
Urkundsbeamter der Geschäftsstelle.

Die Unterzeichnenden waren: Max Schumacher (Henkel / Düsseldorf),
Erwin Wiese (Tivoli-Werke / Hamburg), Dr. Karl Merkel (Türmerleim-Werke / Ludwigshafen),
Adolf Müller (Henkel / Düsseldorf), Fritz Reusch (Kalle & Co. AG / Wiesbaden-Biebrich),
Erich Ross (Teroson-Werke / Heidelberg), Oskar Wilhelm (Sichel-Werke / Hannover).

er sich über den Klammerzusatz, der nicht nur einen griffigeren, einprägsameren Verbandsnamen verhinderte, sondern implizit einen Verweis auf die ungeliebte Konkurrenz der Hersteller tierischer Leime enthielt.

Sitz und Gerichtsstand verblieben in Düsseldorf, wofür gleich in mehrfacher Hinsicht das Argument der kurzen Wege sprach: Erstens bezogen auf die räumliche Nähe zum Branchenführer Henkel. Er stellte mit Max Schumacher den ersten Vorsitzenden und sah auch künftig dieses Amt gerne in den eigenen Reihen. Zweitens mit Blick auf die unmittelbare Nachbarschaft zum industriellen Herzen der Bundesrepublik – bekanntlich galt Düsseldorf als „Schreibtisch des Ruhrgebiets"; drittens hinsichtlich des kurzen Drahts zur Bundesregierung nach Bonn und zur nordrhein-westfälischen Landesregierung.

Die Satzung selbst orientierte sich an der vom Wirtschaftsverband Chemische Industrie (Britisches Kontrollgebiet) im Jahr 1946 erarbeiteten „Normalsatzung". Als vorrangigen Verbandszweck benannte sie die Wahrnehmung und Förderung gemeinsamer wirtschaftlicher Interessen aller Mitgliedsfirmen. In seinen Entschlüssen erklärte sich der Fachverband an keinerlei Weisungen gebunden, auch nicht an jene des Verbandes der Chemischen Industrie. Gemeinsam mit weiteren 22 Fachverbänden gehörte man ihm als korporatives Mitglied an. Zur Erinnerung: während der NS-Diktatur waren die Wirtschaftsgruppen gegenüber den ihnen nachgeordneten Fachgruppen weisungsbefugt.

Ausdrücklich vermerkte die Satzung, dass der Fachverband selbst keine wirtschaftlichen Handlungen vornehmen und auch nicht als Kartell fungieren werde. Diesem Passus kam eingedenk der deutschen Wirtschaftstradition eine besondere Bedeutung zu. Kartelle hatten in Deutschland seit dem ausgehenden 19. Jahrhundert eine wichtige und weithin akzeptierte Rolle gespielt. Mit der Kartellverordnung von 1923 erlangten Marktabsprachen zwischen Unternehmen im Deutschen Reich sogar juristisch einklagbare Qualität. Ganz anders hingegen die US-amerikanische Wettbewerbskultur. Sie unterband konsequent jegliche Form der Trust- oder Kartellbildung – zumindest laut Gesetzestext. Nun hatten nach angelsächsischer Auffassung Kartelle und industrielle Interessengemeinschaften wie der IG-Farben-Konzern maßgeblich zum Untergang der Demokratie in Deutschland, zum Aufstieg Adolf Hitlers und zur Stabilität der verbrecherischen NS-Diktatur beigetragen. Sowohl aus historischen als auch aus ordnungs- wie allgemeinpolitischen Überlegungen drängten die Alliierten Hohen Kommissare daher auf eine Entflechtung der westdeutschen Industrie. Dieser Forderung trug der Fachverband mit dem erwähnten Passus Rechnung.

Das nachfolgende Bekenntnis zur freiwilligen Mitgliedschaft unterstreicht ebenfalls die Abkehr vom Kartellgedanken. Was heute als Selbstverständlichkeit anmutet, stellte zur damaligen Zeit einen klaren Richtungswechsel dar. Denn während der nationalsozialistischen Herrschaft waren sämtliche Unternehmen einer Branche zur Mitgliedschaft in der entsprechenden Fachgruppe verpflichtet. Die Fachgruppen verfügten über weitreichende Befugnisse hinsichtlich der Marktgestaltung. Beispielsweise konnten sie für bestimmte Produkte Zwangskartelle errichten, denen sich kein Hersteller entziehen durfte. Mit seiner Absage an Zwangsmitgliedschaften und -kartelle bekannte sich der Fachverband Leime und Klebstoffe unmissverständlich zum liberalen Leitbild „fairer Wettbewerb und freie Marktwirtschaft". Gleichwohl äußerten manche im Vorstand die Befürchtung, der Fachverband könnte aufgrund der Freiwilligkeit nicht genügend Mitglieder gewinnen und damit an politischer Durchsetzungsfähigkeit verlieren. Die künftige Entwicklung indes belehrte die Skeptiker schon bald eines Besseren.

Der Fachverband darf keinen politischen Zwecken dienen, lautete eine weitere Bestimmung. Auch dieser Punkt entsprach alliierten Vorgaben, denn die Westmächte hielten die deutsche Wirtschaftselite in demokratischen Fragen für unsichere Kantonisten. Natürlich wirkte der Fachverband nicht nur als wirtschaftlicher, sondern auch als politischer Akteur. Aber – und das hatten die Alliierten intendiert – er vermied eine parteipolitische Anbindung und übte in tagespolitischen Fragen Zurückhaltung. Dennoch lag es auf der Hand, dass der Fachverband zu grundsätzlichen Fragen der Wirtschaftsordnung wie auch zu einzelnen wirtschafts- und finanzpolitischen Entscheidungen Stellung beziehen würde, ja Stellung beziehen müsste. Dass er dabei eher den bürgerlichen Regierungsparteien CDU und FDP als der oppositionellen SPD zuneigte, kann nicht weiter verwundern. Schließlich definierte sich die Sozialdemokratie bis zum Godesberger Programm von 1959 offiziell noch als eine marxistische Partei, die privaten Unternehmen und der Marktwirtschaft ablehnend begegnete.

Die Verbandsorganisation

Neben den allgemeinen Zielen gab die erste Satzung präzise Auskunft über die Verbandsorgane und -strukturen. Einmal im Jahr lädt der Vorstand zur Mitgliederversammlung ein, so forderten es Statuten. Die Mitgliederversammlung verkörpert bis heute das Verbands-„Parlament", in dem grundlegende Fragen diskutiert und über Satzungsänderungen abgestimmt werden. Das Plenum wählte den Vorstand und den Vorsitzenden für jeweils ein Jahr, seit 1951 zudem einen stellvertretenden Vorsitzenden. Vermutlich aus Nachlässigkeit fielen die Wahlen zum stellvertretenden Vorsitzenden bis 1960 unter den Tisch, ehe ein verblüffter Vorsitzender Adolf Müller-Born den Lapsus bemerkte und korrigierte. Fortan zierte den Fachverband eine satzungskonforme Führungsspitze.

Erst nach mehrfacher Intervention der Alliierten und des Bundeswirtschaftsministeriums erfolgten die ursprünglich offenen Vorstandswahlen in geheimer Abstimmung. Die Vorzüge geheimer Abstimmungen schienen dem engeren Führungskreis um Max Schumacher wohl nicht so einleuchtend, als dass sie diese von vornherein angestrebt hätten. Möglicherweise schimmert hier die Kultur des vormaligen Honoratiorenvereins durch, der seine Angelegenheiten in diskreten Vorabsprachen „unter Ehrenmännern" zu regeln pflegte und anschließend offen darüber entscheiden konnte. Zudem galt für sämtliche Wahlen das Prinzip „Ein Mitglied – eine Stimme", was den kleineren Unternehmen ein beachtliches Gewicht verlieh. Andere Verfahren, beispielsweise eine Stimmgewichtung unter Berücksichtigung der jeweiligen Firmenumsätze, der Mitarbeiter- oder Maschinenzahlen, wie sie zu früheren Zeiten in Unternehmerverbänden praktiziert worden waren, fanden keine Befürworter. Erst 1995 verabschiedete die Mitgliederversammlung eine eigene Wahlordnung für die nachrangigen Gremien.

Des Weiteren oblag der Mitgliederversammlung die Festsetzung und Bewilligung des Haushaltsplanes, die Festlegung des Mitgliedsbeitrages, die Wahl der Rechnungsprüfer und die Entlastung von Vorstand und Geschäftsführung. Um Letzteres kundig vornehmen zu können, haben beide der Mitgliederversammlung einen Jahres- und Rechenschaftsbericht vorzulegen. Schließlich entschied die Mitgliederversammlung über die Verbandsauflösung, wie sie im Juli 1950 bei der Vorgängerorganisation praktiziert worden war.

Dem ehrenamtlich arbeitenden, sechsköpfigen Vorstand gehörten neben dem Vorsitzenden die beiden Obleute der Arbeitsausschüsse (AA) sowie drei weitere Mitglieder aus den Arbeitskreisen (AK) an. Ausdrücklich sollten je zwei Vertreter kleiner, mittlerer und großer Unternehmen im Führungskreis vertreten sein. Damit trug man der klein- und mittelständisch geprägten Klebstoffindustrie Rechnung und bereitete den Boden für eine harmonische Arbeitsatmosphäre. Nach Überzeugung der langjährigen Vorsitzenden Dr. Johannes Dahs (1980 – 1992) und Arnd Picker (1992 – 1998 sowie 2000 – 2008) gelang der innerverbandliche Interessenausgleich in den vergangenen Jahrzehnten zur allseitigen Zufriedenheit. Die schriftlichen Quellen bestätigen diese Wahrnehmung; nur für die Zeit um 1960 berichteten sie von nennenswerten Spannungen innerhalb des Fachverbandes. Als oberstes Leitungsgremium entscheidet der Vorstand über die Aufnahmeanträge neuer Mitglieder. Der Vorstandsvorsitzende repräsentiert den Fachverband nach außen. Er gehört zugleich dem Hauptausschuss des Verbands der Chemischen Industrie und dessen erweiterten Vorstand an.

In den späteren Jahren variierte der Umfang des Vorstandes in Abhängigkeit der Anzahl von Arbeitskreisen. Genügte anfangs ein größerer Tisch, an dem die sechs Herren Platz nahmen, bedarf es heute deren mehrere. Schließlich finden sich bis zu dreizehn Personen, darunter eine Frau, zu den Sitzungsterminen ein. Die ursprünglich einjährige Amtszeit verlängerte man 1964 auf zwei Jahre, was einer effizienten Verbandsführung zuträglich war.

Das operative Geschäft oblag – nomen est omen – der Geschäftsführung. Als zentrale Aufgabe organisiert sie die Jahrestagungen einschließlich der Mitgliederversammlungen, selbstverständlich in enger Abstimmung mit Vorstand und Vorsitzendem. Zudem zeichnet der Geschäftsführer, seit 1997 der Hauptgeschäftsführer, für die Verwaltung und den Verbandsetat verantwortlich. Mit der Satzungsänderung des Jahres 2002 kann der Vorstand den Hauptgeschäftsführer in den Vorstand berufen, was eine klare Stärkung seiner Position bedeutete.

Des Weiteren zählen die Koordination und Betreuung der verschiedenen Verbandsgremien, der interne Informationsaustausch mit den Mitgliedsfirmen sowie die Kommunikation nach außen gegenüber Behörden, Forschungseinrichtungen, Medien, anderen Verbänden u. a. zu ihren Aufgaben. Ausdrücklich

verpflichtet die Satzung den Geschäftsführer zu Neutralität gegenüber allen Mitgliedern und zu absoluter Diskretion. Soweit überliefert, haben sämtliche Verantwortlichen diese beiden für den verbandsinternen Frieden so wichtigen Grundsätze beherzigt. Allein Dietrich Fabricius sah sich im Jahre 1973 der unzulässigen Parteinahme im Rahmen eines Rechtsstreites zweier Verbandsmitglieder bezichtigt. Den Vorwurf wies der Vorstand umgehend und entschieden zurück, auch die Quellenüberlieferung bietet für diesen Vorwurf keinen Anhaltspunkt.

Aller Anfang ist übersichtlich, so auch beim Fachverband Leime und Klebstoffe e.V. Überschaubare zwei Arbeitskreise (AK), der AK „Pflanzliche Leime" und der AK „Synthetische Leime und Klebstoffe", sowie jeweils ein zugehöriger Arbeitsausschuss (AA) befassten sich mit spartenbezogenen Fragen. Im Sommer 1950 gesellte sich mit dem AK „Kaltwasserlösliche Cellulosederivate" ein dritter hinzu.

IV.2 Ein steter Aus- und Umbau

Grosso modo finden sich die allgemeinen Bestimmungen und die skizzierte Organisationsstruktur auch noch in der heute gültigen Satzung aus dem Jahre 2002. Das spricht dafür, dass der Verband seinen Markenkern früh gefunden und dauerhaft bewahrt hat. Gleichwohl kam es während der vergangenen sieben Jahrzehnte zu bemerkenswerten Akzentverschiebungen. Zahlreiche Arbeitskreise mit zugeordneten -gruppen, Unterabteilungen, Technische Kommissionen und temporäre Sonderausschüsse bzw. ad-hoc-Ausschüsse sowie Beiräte ergänzten das „Haus" und zeugen von der Dynamik und Vitalität der Klebstoffindustrie, von ihren technischen Fortschritten und vielfältigen Innovationen. Im Folgenden seien einige der wichtigen neuen Bausteine und Trends skizziert.

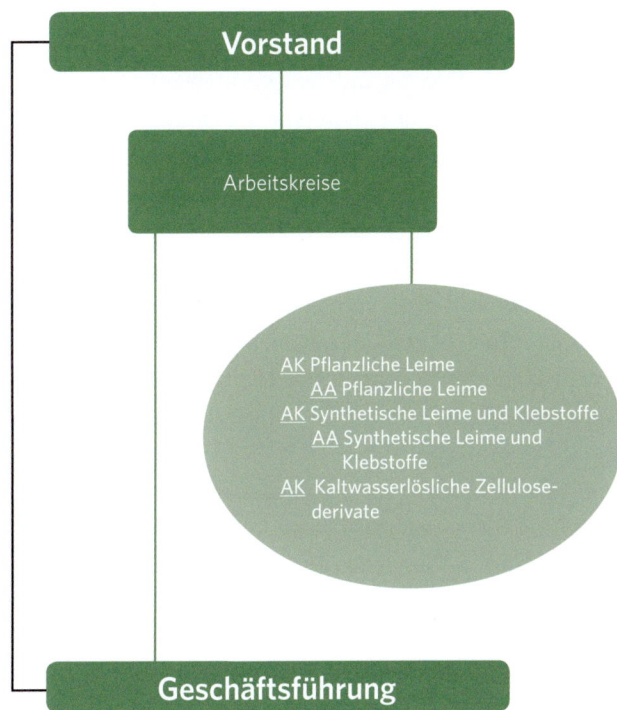

Abb. 17: Organigramm des Fachverbandes Leime und Klebstoffe e. V., 1950.

Ein Technischer Ausschuss muss her

Als bis heute wohl bedeutsamste Ergänzung darf der 1955 etablierte Technische Ausschuss gelten. Dem Vorstand beigeordnet, befasst er sich mit grundlegenden technischen Fragen, neuen Entwicklungen in der Klebstoffindustrie, erörtert die für sie relevanten Gesetzesvorhaben und schlägt der Verbandsführung entsprechende Stellungnahmen vor. Mit seiner Gründung reagierte der Vorstand auf die zunehmende Bedeutung wissenschaftlicher und klebtechnischer Aspekte für die Verbandsarbeit, wie der Jahresbericht 1964 vermerkt. Umso bemerkenswerter, dass dieses wichtige Gremium fünf Jahre ohne satzungsgemäße Verankerung wirkte und erst 1960 in der geänderten Satzung seinen Niederschlag fand. Heute fungiert er als Leitungsgremium für die zahlreichen Technischen Kommissionen und ad-hoc-Ausschüsse.

Seine anfangs auf ein Jahr gewählten vier Mitglieder bleiben mit der Satzungsänderung vom 22.5.1964 für jeweils zwei Jahre im Amt. Angesichts der komplexen Themen und der damit verbundenen Einarbeitung erscheint das als eine ausgesprochen vernünftige Entscheidung. Heute umfasst der TA sieben für zwei Jahre gewählte Mitglieder und die Vorsitzenden der Technischen Kommissionen. Bis zu drei weitere Personen können kooptiert werden. Zusätzlich werden für einzelne Fragen Sachverständige hinzugezogen.

Neue Klebstoffe, neue Anwendungen, neue Gremien

Rasch zeigte sich, dass die zwei bzw. drei Arbeitskreise keineswegs der Vielfalt an Klebstoffen und -anwendungen gerecht werden konnten. Bereits 1956 verständigte sich der Vorstand auf die Einrichtung eines AK „Leime für die holzverarbeitende Industrie" (1956). Er ging auf eine Initiative der BASF AG zurück, deren Kunstharz Kaurit seit den 1930er Jahren auf dem Markt war. Die Ludwigshafener nominierten Dr. Hagen für die Position des Obmanns, um auf diesem Wege auch im Vorstand vertreten zu sein. Selbstverständlich lag die Einbindung eines der größten deutschen Chemie-Konzerne auch im Interesse des Fachverbandes.

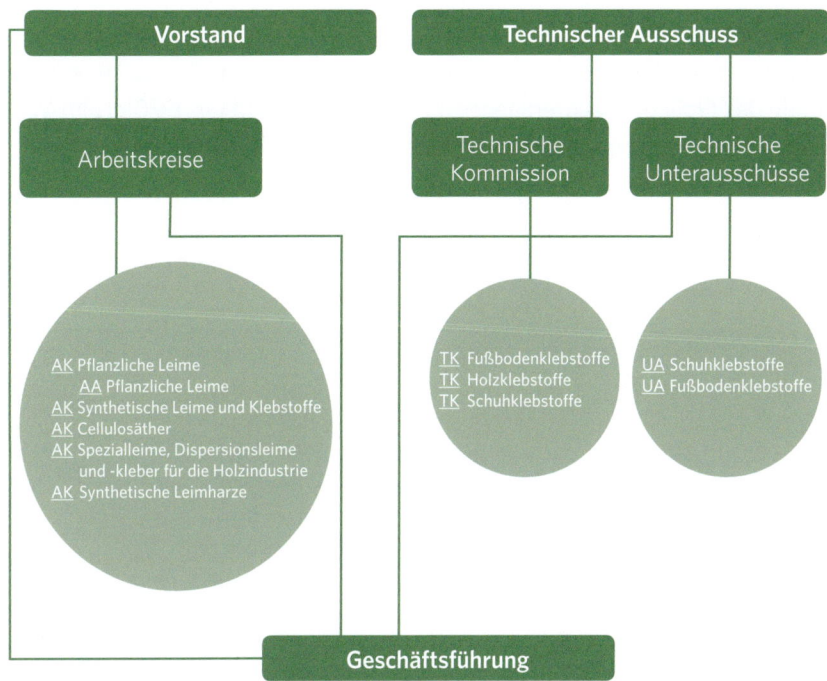

Abb. 18: Organigramm des Fachverbandes Leime und Klebstoffe e. V., 1966.

In den folgenden 15 Jahren rundeten Arbeitskreise für Schuh-, Fußboden- und Industrieklebstoffe, für Spezialleime sowie für die Papier- und Verpackungsklebstoffe das Profil des Fachverbandes ab. Dabei setzte sich um 1970 die im Verband immer häufiger geäußerte Auffassung durch, künftig eher anwendungs- als rohstoffbezogene Arbeitskreise zu implementieren.

Tab. 5: Chronologischer Überblick über den Technischen Ausschuss und die Technischen Kommissionen.

Gremium	Dauer	Bemerkungen
Technischer Ausschuss	1955 – heute	
TK Schuhklebstoffe	1959 – heute	
TK Fußbodenklebstoffe -> TK Bauklebstoffe	1959 – 1971 1972 – heute	
TK Holzklebstoffe	1965 – heute	
TK Papier- und Verpackungsklebstoffe	1976 – heute	
TK Haushalt, Hobby, Büro	1994 – heute	
TK Klebebänder	1996 – heute	
TK Strukturelles Kleben & Dichten	2005 – heute	
RG Umwelt / Abfall	1994 – 1996	Auflösung
RG Chemikaliengesetze	1994 – 1996	Auflösung
RG Transport	1994 – 1996	Auflösung
UA Ermittlungspflichten	2015 – heute	

Wie sehr sich die Branche im technischen Umbruch befand, zeigt das Schicksal der beiden Arbeitskreise der ersten Stunde. Der eine wurde umbenannt, der andere aufgelöst. Während der traditionsreiche AK „Pflanzliche Leime" – immerhin lassen sich seine Wurzeln bis ins Jahr 1916 zurück verfolgen – seit 1970 als AK „Industrieklebstoffe (Leime und Klebstoffe für die Papier-, Kunststoff- und Metallverklebung)" firmierte, stellte der AK „Synthetische Leime und Klebstoffe" im selben Jahr seine Tätigkeit ein.

Die erste Technische Kommission (TK) kam im Jahr 1959 zustande und befasste sich mit Schuhklebstoffen. Derzeit decken sieben solcher Gremien die Bandbreite moderner Klebstoffe und -techniken ab. Als weiteres Format setzte man seit den späten 1960er Jahren anlassbezogene und zeitlich befristete

Sonderausschüsse ein. Sie wurden 1993 unter der Bezeichnung „ad-hoc-Ausschüsse" in die Satzung aufgenommen.

Laut § 11 der Verbandssatzung führte jeder neue Arbeitskreis zu einer Satzungsänderung. Da dies nicht praktikabel war, entschloss man sich 1971 zu einer eleganteren Regelung: „Zur Wahrnehmung und Förderung der besonderen Interessen der einzelnen Fachgebiete werden Arbeitskreise gebildet." So lautete nun besagter § 11, und damit hatte man der sich dynamisch verändernden Klebstoffbranche Rechnung getragen.

Die 1980er und 1990er Jahre brachten eine weitere Differenzierung der Organisationsstruktur. Neu hinzu kamen die vier bis heute existierenden Arbeitskreise „Klebebänder", „Papier-/Verpackungsklebstoffe", „Rohstoffe" sowie „Strukturelles Kleben und Dichten". Der 1996 ins Leben gerufene Beirat für Öffentlichkeitsarbeit darf als Indiz dafür gewertet werden, dass die public relations für den Verband mittlerweile eine weitaus größere Bedeutung haben, als das in den frühen Jahren der Fall gewesen war. Die strategischen Überlegungen der neuen Führung um den Vorsitzenden Arnd Picker und den Hauptgeschäftsführer Ansgar van Halteren stützen diese Einschätzung und unterstreichen, wie sehr sich das Selbstverständnis des Industrieverbandes in diesem Punkt weiter entwickelt hat. Angesichts der Notwendigkeit, junge Menschen für die Branche zu interessieren oder kritische Fragen der Öffentlichkeit kompetent zu diskutieren, erscheint diese Kursänderung geradezu als unausweichlich.

„Jetzt tritt doch ein, was Dr. Hoffmann bereits vor 25 Jahren wollte." Ein Klebstoffverband für das gesamte Bundesgebiet

Es war das von Beginn an erklärte Ziel des Vorsitzenden Max Schumacher und später auch des Geschäftsführers Dr. Alfred Hoffmann, einen die gesamte Klebstoffbranche repräsentierenden Fachverband für Westdeutschland zu schaffen. Freilich war man davon in den Anfangsjahren noch weit entfernt. Zum einen beschränkte sich der Einzugsbereich auf das Gebiet der früheren Westzonen – außen vor blieben einstweilen das Saarland und die DDR. Zum anderen

konkurrierte der Fachverband Leime und Klebstoffe e. V. mit drei weiteren Fachverbänden auf dem Gebiet der Leim- und Klebstoffindustrie:

- Fachverband für Spezialleime e. V.; Vorsitz: Wilhelm Eib; Geschäftsführung: Karl-Heinz Hollmann
- Verband der Hautleimindustrie e. V.; Dr. Max Conrad; Geschäftsführung Karl-Heinz Hollmann
- Verband der Knochenleimindustrie e. V.; Günter Sach; Geschäftsführung: Werner Barth

Ende der 1950er Jahre zeichnete sich die politische und wirtschaftliche Integration des Saarlandes in die Bundesrepublik ab. Die dort ansässige Klebstoffindustrie umfasste nach einer verbandsinternen Aufstellung zum Zeitpunkt der „kleinen deutschen Vereinigung" neun Firmen. Nur bei der Saarbrücker Fa. Paul Mang & Cie., Klebstoffchemie K.G. gelangte der Vorstand auf Empfehlung des Vorsitzenden Adolf Müller-Born zu der Überzeugung, dass sie in den Verband aufgenommen werden sollte. So geschah es denn auch.

Mit dem Zusammenbruch des SED-Regimes 1989 und dem Beitritt der DDR zur Bundesrepublik Deutschland im darauffolgenden Jahr erstreckte sich der Fachverband Klebstoffe e. V. schlussendlich über das gesamte Territorium des heutigen Deutschlands.

Die Bereinigung der Verbandslandschaft bei der Klebstoffindustrie setzte Mitte der 1960er Jahre ein. Der in Darmstadt ansässige Fachverband für Spezialleime e. V. entschied auf einer außerordentlichen Mitgliederversammlung am 22.6.1966, seine Arbeit zum Jahreswechsel ruhen zu lassen. Geschlossen traten die verbliebenen zehn Spezialleimhersteller zum 1.1.1967 dem Fachverband Leime und Klebstoffe e. V. bei. In vorangegangenen Verhandlungen hatten die Vorstände bzw. Geschäftsführungen beider Seiten vereinbart, dass sie in einem eigenen AK Spezialleim, Dispersionsleim und Holzleim zusammengefasst werden sollten. Dessen Vorsitz übernahm mit Wilhelm Eib von der im schwäbischen Pfullingen ansässigen Fa. Zika L. Zimmermann der langjährige Vorsitzende des Spezialleimverbandes. Um die Abwicklung der Darmstädter Geschäftsstelle reibungslos zu bewerkstelligen, sicherte der Vorstand die Zahlung von 107.300 DM bis zum Jahre 1975 zu. Offiziell löste sich der Fachverband

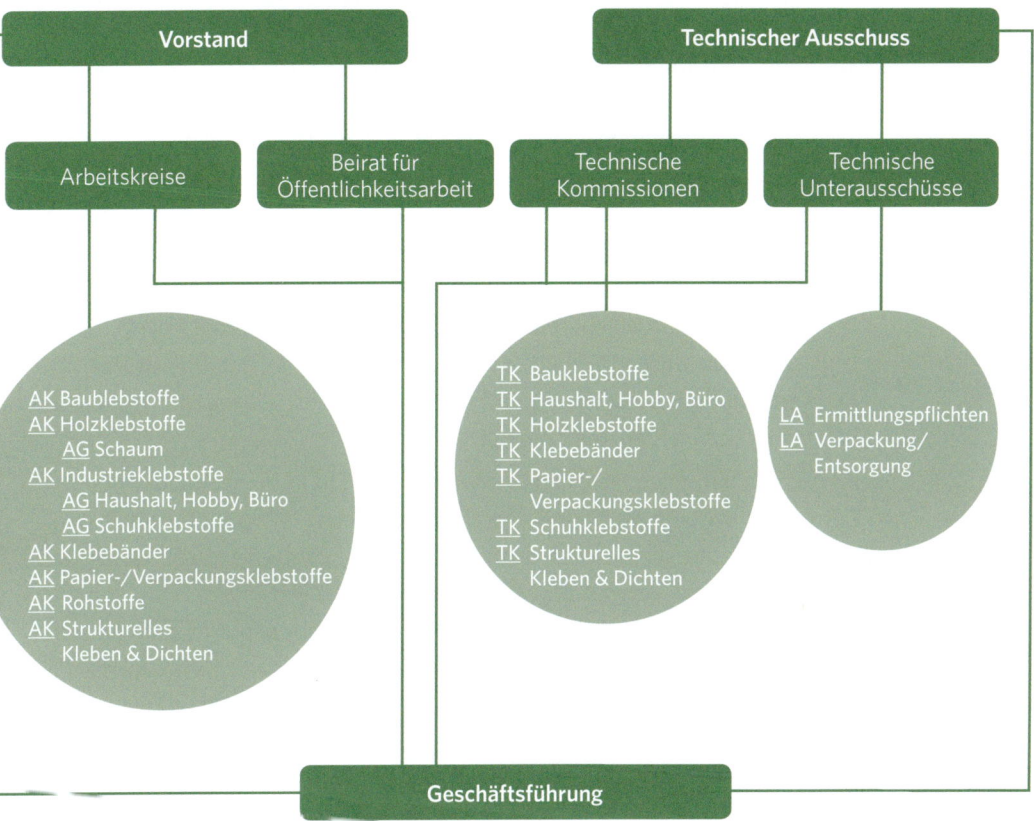

Abb. 19: Organigramm des Industrieverband Klebstoffe e. V., 2015.

Spezialleime e. V. erst 1970 auf und übertrug sein Vermögen dem Verband der Hautleimindustrie.

Eine analoge Entwicklung zeichnete sich beim Fachverband Glutinleim e. V. ab. Er war zum 1.7.1971 aus der Fusion der beiden Verbände der Haut- und Knochenleimindustrie hervorgegangen. Mit Blick auf das bevorstehende Ausscheiden des langjährigen Geschäftsführers Karl-Heinz Hollmann aus dem Berufsleben beschloss der Fachverband Glutinleim e. V. zum 1.1.1976 seine Auflösung. Dabei dürfte auch eine Rolle gespielt haben, dass er nur noch sechs Firmen vertrat und damit kaum noch interessenpolitisches Gewicht beanspruchen konnte. Im Rückblick auf die harten Auseinandersetzungen der Anfangsjahre äußerte ein sichtlich bewegter Karl-Heinz Hollmann zum Kollegen Fabricius: „Jetzt tritt doch ein, was Dr. Hoffmann bereits vor 25 Jahren wollte." Der Fachverband Klebstoffindustrie e. V. war die alleinige Interessenvertretung der bundesdeutschen Klebstoffindustrie.

Auch in den folgenden Jahren erwog der Vorstand immer wieder Kooperationen mit anderen Verbänden. So diskutierte man 1979 einen gemeinsamen Koordinationsausschuss mit dem Lackverband, erörterte 2002 sogar eine Fusion. Allerdings verwarf die Verbandsführung im Dezember 2002 den Plan. Eine zwischenzeitliche Assoziierung des Österreichischen Klebstoffverbandes (ÖKV) erfolgte während der Jahre 2004 bis 2006. Konkret hieß das, dass die österreichischen Mitgliedsfirmen in den Verbandsverteiler aufgenommen wurden, die Haushalte gemeinsam verwaltet wurden und der Vorsitzende des ÖKV in Vorstand des IVK einen Sitz hatte. Ein dauerhafter Zusammenschluss kam letztlich nicht zustande. Die seit Ende der 1980er Jahre angestrebte enge Kooperation mit dem Industrieverband Dichtstoffe scheiterte 2001 nach langjährigen Sondierungen an einem ablehnenden Votum dessen Mitgliederversammlung. Im selben Jahr bemühte man sich in einer gezielten Aktion um die Gewinnung von Klebstoff-Systemlieferanten für den IVK. Höhere Beitragseinnahmen sowie eine Abrundung des eigenen Kompetenzprofils erhoffte die Führung von der Maßnahme.

Internationalisierung, Europäisierung und Globalisierung sorgten dafür, dass der Industrieverband Klebstoffe e. V. die nationalstaatlichen Grenzen für seine

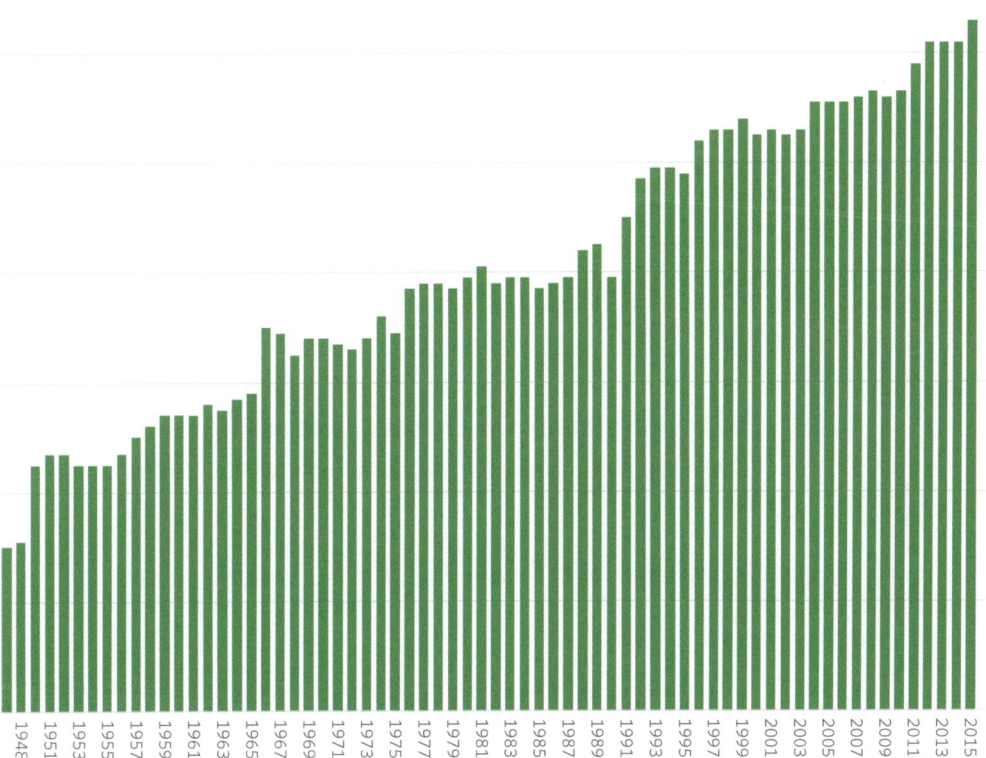

Abb. 20: Entwicklung der Mitgliederzahlen des Industrieverband Klebstoffe e. V., 1946 – 2015.

Mitglieder durchlässiger gestaltete. Mit der 1993 in die Satzung eingeführten Kategorie „außerordentliches Mitglied" bot er multinational aufgestellten Unternehmen bzw. deren deutschen Dependancen die Möglichkeit eines Beitritts. Übrigens hatte sich das Problem bereits viel früher, im Jahre 1955, erstmals gestellt. Damals beschied der Vorstand ein Aufnahmegesuch der US-Firma Boston Blacking, die über eine deutsche Niederlassung verfügte, abschlägig. Mit der 2000 festgeschriebenen Bestimmung zur „assoziierten Mitgliedschaft" ermöglichte der IVK den Beitritt von Unternehmen, die beispielsweise Dosier- und Applikationsgeräte produzieren. Dabei verfolgte die Verbandsführung das Ziel, der IVK sollte möglichst das gesamte Anwendungsfeld „Klebtechnik" repräsentieren.

IV.3 Aufwärtstrend: Die Entwicklung der Mitgliederzahlen, der Finanzen und der Geschäftsstelle

Alle wirtschaftlich bedeutenden Leimhersteller gehören dem Verband an!

Über die Jahrzehnte erfreute sich der Fachverband steigender Mitgliedszahlen. In den frühen Jahren beruhte dieser Anstieg in erster Linie darauf, dass Firmen, die bereits lange am Markt agiert hatten, sich zum Beitritt entschlossen. In den späteren Jahren handelte es sich oftmals um Unternehmen, die neu in den Klebstoffmarkt eingestiegen waren. Beachtliche Zuwächse brachten zudem die beiden geschlossenen Beitritte der Spezialleim- und Glutinleimproduzenten in den Jahren 1966/67 und 1975.

Aufgrund von Übernahmen, Insolvenzen, ausländischen Beteiligungen oder Aufspaltungen präsentierte sich die Unternehmenslandschaft der Klebstoffindustrie sehr variabel, was sich auch in der Mitgliederfluktuation niederschlug.

Bedeutsamer als die absolute Zahl der Mitgliedsfirmen war aber der Organisationsgrad der Klebstoffindustrie im Fachverband. Denn von ihm hing das politische Gewicht und bis zu einem gewissen Grad auch die brancheninterne Disziplinierung ab. Daher bemühten sich der Vorstand und die Geschäftsführung bisweilen recht hartnäckig, bestimmte Klebstoffhersteller von den Vorteilen einer Mitgliedschaft zu überzeugen. Gleichzeitig prüfte er über all die Jahre hinweg immer wieder, ob das angebotene Dienstleistungspaket des Fachverbandes attraktiv genug für die Mitglieder wäre.

Mit Erfolg! Bereits 1950 erwähnte der Vorsitzende Max Schumacher sichtlich zufrieden, dass alle nennenswerten Klebstoffhersteller im Fachverband organisiert wären. Für die Jahre 1985 und 1996 verwies das jeweilige Protokoll der Mitgliederversammlung auf einen Repräsentationsgrad von über 90 % der am Markt tätigen Unternehmen dem Fach- bzw. Industrieverband angehörten.

„... ZU BEANSTANDUNGEN KEINEN ANLASS": FINANZIERUNG UND FINANZIELLE ENTWICKLUNG DES FACHVERBANDES

Wie in allen anderen Bereichen fing der Verband bei der Haushaltsgestaltung bescheiden an. Für das Jahr 1948 meldete Geschäftsführer Hoffmann der Wirtschaftsvereinigung Chemie monatliche Ausgaben in Höhe von 550,- DM.

Die Aufstellung enthielt keinen Posten für das Geschäftsführergehalt. Die Frage, aus welchem Topf er bezahlt wurde, muss daher offen bleiben. Bis einschließlich zum Haushaltsjahr 1950 zeichnete die Wirtschaftsvereinigung Chemie für die Verwaltung des Fachverbandsetats verantwortlich. Das erklärt auch, weshalb die Einstellung einer Sekretärin nicht eigenständig vorgenommen werden konnte, sondern vom Chemieverband bewilligt werden musste. Für das Jahr 1950 rechnete Dr. Hoffmann bereits mit 1.000,- DM pro Monat, was einer Steigerung von knapp 100 % binnen zwei Jahren entsprach. Hier schlugen wohl die im Zuge der Währungsreform freigegebenen und damit steigenden Preise wie auch die zahlreicheren Dienstreisen zu Buche.

Die Einnahmen stiegen von rund 8.600,- DM im Jahr 1950 auf knapp 1 Mio. DM 1980. Eine Verdopplung der Mittelzuflüsse und damit die 1 Mio. Euro-Marke erreichte der Verband im Jahre 2004. Die vornehmlich auf Mitgliedsbeiträgen beruhenden Summen können als Indikator für die Wachstumsdynamik

der einzelnen Unternehmen und damit der Branche insgesamt gelesen werden. Bis auf wenige Ausnahmen übertrafen die jährlichen Einnahmen stets die Ausgaben. Auf diese Weise erwarb der Verband über die Jahre hinweg ein Vermögen, das wie in Vereinskreisen üblich ungefähr der Summe aller Ausgaben eines Jahres entspricht.

Erst ab 1951 erhob der Fachverband eigenständig Mitgliedsbeiträge. Damit erlangte er auch die Hoheit über das eigene Budget. Auf Empfehlung der Arbeitsgemeinschaft der Chemischen Industrie setzte man 0,6 ‰ des Umsatzes, den ein Mitgliedsunternehmen im Jahr 1950 erwirtschaftet hatte, als Beitragssatz fest. Den Mindestbeitrag fixierte man bei 240,- bzw. 300,- DM, je nachdem, ob das Unternehmen ausschließlich Leime und Klebstoffe produzierte oder auch andere Güter. Die Mitgliedsbeiträge wurden von der Chemie-Treuhand-Gesellschaft GmbH, Frankfurt a. M. eingezogen und verwaltet. Diese Regelungen behielt der Fachverband auch für das Jahr 1952 bei. Allerdings zeichnete sich ab, dass die Kosten erkennbar unter den Einnahmen bleiben würden. Daher erstattete die Geschäftsführung in den Folgejahren einige Male ihren Mitgliedern ein Viertel des Jahresbeitrages. In späteren Zeiten wurden Überschüsse meist als Rücklagen verbucht oder für bestimmte Projekte verwandt.

Die Regelungen bezüglich der Beitragszahlungen blieben in ihrer Grundstruktur bis zum heutigen Tage erhalten. Der Grundbeitrag changierte gemeinsam mit dem zweckgebundenen Beitrag zwischen 0,75 und 0,8 ‰. Die Mindestbeiträge stiegen in Anlehnung an die Grundbeiträge, 1961 betrug er etwa 500,- DM, bei mehrfacher Mitgliedschaft die Hälfte. Der Fachverband gestaltete die Beitragsmodalitäten so, dass er die Vielfalt potentieller Mitgliedsfirmen berücksichtigen konnte. Beispielsweise hatten die seit 1993 aufgenommenen „außerordentlichen Mitglieder" ebenso einen Pauschalbetrag zu entrichten wie die seit 2002 existierende Gruppe der „assoziierten Mitglieder".

Erhebung und Kontrolle der Mitgliedsbeiträge gestaltete sich mit zunehmend unübersichtlicherer Unternehmenslandschaft schwierig. Hauptgeschäftsführer van Halteren berichtete auf der Vorstandssitzung im Februar 2002, dass angesichts der zahlreichen Fusionen, Akquisitionen und Umstrukturierungen eine genaue Kontrolle der Mitgliedsbeiträge kaum noch zu gewährleisten sei. Aber all diese Schwierigkeiten änderten nichts daran, dass über die Jahrzehnte hinweg

FACHVERBAND
LEIME UND KLEBSTOFFE
IM WIRTSCHAFTSVERBAND CHEMISCHE INDUSTRIE

An den
Wirtschaftsverband
Chemische Industrie
z.Hd. von Herrn Dr. Ehrmann

(20a) Hannover-Linden
Beisterstr. 65

DÜSSELDORF

Fachabteilung: Pflanzliche Leime — Dr.Ho/Scha — 6.7.48

Betr.: Finanzgebarung des Wirtschaftsverbandes

Sehr geehrter Herr Dr. Ehrmann !

Mit Schreiben vom 10.2.48 haben Sie unserem Antrage vom 3.2.48, betreffend Einstellung einer Sekretärin für den Fachverband Leime und Klebstoffe, zugestimmt. Die daraufhin am 1. März 1948 erfolgte Einstellung von Fräulein Schanze konnte bisher nicht wirksam werden, weil es trotz aller Bemühungen, auch seitens der Firma Henkel & Cie., nicht gelang, für Fräulein Schanze, die zwar die Zuzugsgenehmigung nach Düsseldorf umgehend erhalten hatte, ein Unterkommen zu finden. Nachdem diese Schwierigkeit behoben ist, hat Fräulein Schanze nunmehr am 1. Juli ihre Tätigkeit aufgenommen.

Den Geldbedarf des Fachverbandes Leime und Klebstoffe (ohne Fachabteilung Tierische Leime) beziffern wir auf monatlich DM 550.-- , die sich wie folgt aufteilen:

1. Gehalt Fräulein Schanze	DM	300.--
2. Allgemeine Büroumkosten	"	100.--
3. Reisekosten usw.	"	100.--
4. Unvorhergesehenes	"	50.--

Hochachtungsvoll !

Fachverband Leime und Klebstoffe
Der Geschäftsführer

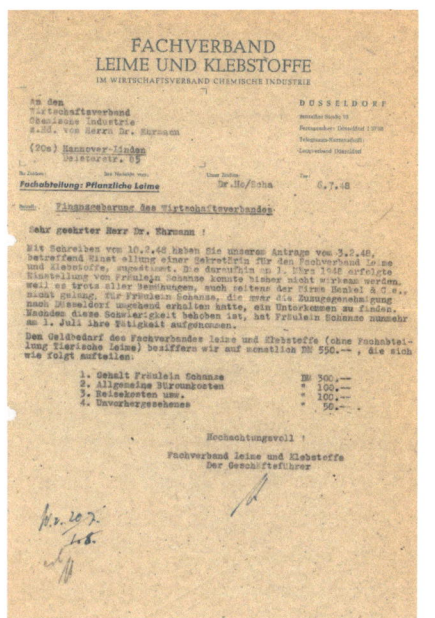

Abb. 21: Etatplanung für das Jahr 1948, 6.7.1948 (IVK-Archiv, Düsseldorf).

Etat-Voranschlag 1950

Fachverband Leime und Klebstoffe

Personalausgaben:

A 1	Gehälter der Geschäftsführer		-
A 2	Gehälter des übrigen Personals	DM	327.--
A 3	Sozialabgaben	"	33.--
A 4	Honorare		-
A 5	Ruhegehälter		-

Sachausgaben:

B 1	a) Reisekosten der Geschäftsstelle	DM	360.--
	b) Reisekosten der ehrenamtlichen Organe		-
B 2	a) Bürobedarf	"	40.--
	b) Drucksachen		-
B 3	Porto, Telefon, Telegramme	"	60.--
B 4	Miete, Licht, Heizung	"	50.--
⋮			
12	Unvorhergesehenes	"	130.--
		DM	1.000.--
Jahresetat demnach		DM	12.000.--

Düsseldorf, am 3.12.1949
Dr.Ho/Scha

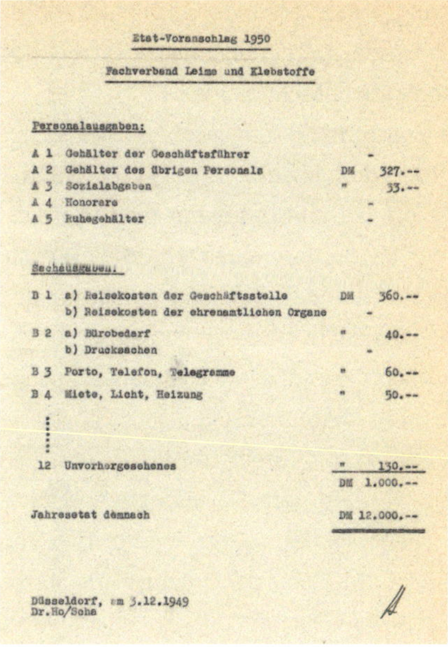

Abb. 22: Etat-Voranschlag für das Jahr 1950, 3.12.1949 (IVK-Archiv, Düsseldorf).

der Fachverband seriös gewirtschaftet hat und die Kassenprüfer „zu Beanstandungen keinen Anlass" sahen.

Die Geschäftsstelle und ihre Mitarbeiter

Die ursprünglich bei Henkel verortete Geschäftsführung erhielt zum 1.3.1948 ein eigenes Büro in der Benrather Straße 19 in Düsseldorf. Vor allem die Hersteller tierischer Leime hatten auf eine personelle und räumliche Trennung der Geschäftsführung vom Hause Henkel gedrängt. Man geht sicher nicht fehl in der Annahme, dass sie auf diesem Wege dessen verbandsinternen Einfluss beschneiden wollten. Für diese Lesart spricht auch der im Herbst 1948 seitens des Vorstands beschlossene Umzug nach Frankfurt am Main, wo der Verband der Chemischen Industrie seine Zentrale eingerichtet hatte. Er wurde nie umgesetzt, was darauf hinweist, dass sich Henkel mit seinem Wunsch nach dem Verbleib in der Rheinmetropole doch noch durchzusetzen vermochte. Denn der kurze Draht zwischen Vorsitzendem und Geschäftsführer stellte unbestritten eine wichtige Voraussetzung für eine reibungsarme Verbandsführung dar – interessanterweise gilt das bis zum gewissen Grade auch in unserer Zeit, trotz der unglaublichen Fortschritte bei der Kommunikationstechnologie.

Statt nach Frankfurt a. M. siedelte die Geschäftsführung zum 1.3.1949 innerhalb Düsseldorfs in die Mauerstraße 1 über; dort logierte sie bis zum August 1951. Seit dem September 1951 arbeitete die Geschäftsstelle in einer Bürogemeinschaft, zu der die Geschäftsstellen des Landesverbandes Nordrhein-Westfalen der Chemischen Industrie, des Fachverbandes Stickstoffindustrie, des Referates Forschung und Berufserziehung, des Fachverbandes Konservierungsmittel, der Landesstelle für Industrie-Luftschutz und des Arbeitsausschusses Industriereiniger gehörten. Die Adresse lautete Breite Straße 8.

Zum 15.1.1963 zog die Geschäftsstelle in die Steinstraße 23 um, wo gemeinsam mit dem Landesverband des VCI und dem FV Stickstoffindustrie eine Bürogemeinschaft etabliert wurde. Mehr als neun Jahre leitete man von dort aus die Geschicke des Verbandes, ehe am 11.10.1972 der Umzug in die Sternstraße 9 – 11 erfolgte. Erneute Überlegungen, die Geschäftsstelle nach Frankfurt

a. M. in den 13stöckigen Neubau des Verbands der Chemischen Industrie in der Karlstraße 21 zu verlegen, verwarf der Vorstand im Juni 1971. Die Vorzüge des Standorts Düsseldorf, insbesondere die unmittelbare Nähe von Vorsitzendem und Geschäftsstelle gaben wohl den Ausschlag für diese Entscheidung. Aufgrund der Auflösung der Bürogemeinschaft, der VCI Nordrhein-Westfalen fusionierte mit dem Arbeitsring der Arbeitgeberverbände der Chemischen Industrie, erfolgte zum 28.1.1981 der Umzug in die Steinstraße 4. Vorsorglich hielt der Vorstand im Protokoll fest, dass ein Umzug nach Frankfurt a. M. endgültig vom Tisch wäre. Am 12.1.1989 dann zog man in einen Neubau in der Ivo-Beucker-Straße 43. Im heutigen Domizil hoch über den Dächern Düsseldorfs in der Völklinger Straße 4 residiert die Geschäftsführung seit dem 1.1.2006.

Mit dem Verband wuchs auch seine Geschäftsstelle. Vermochte in den ersten Monaten Direktor Schumacher aufgrund des geringen Arbeitsaufkommens die organisatorischen Belange von seinem Büro erledigen lassen, so arbeitete von Oktober 1947 bis Februar 1948 mit Dr. Wolfgang Lübbert bereits ein Geschäftsführer – auf ehrenamtlicher Basis wohlgemerkt. Ab dem 1.3.1948 fungierte Dr. Alfred Hoffmann als erster hauptamtlicher Geschäftsführer. Ihm zur Seite stand die Sekretärin Frl. Schanze.

Rasch wuchsen die Aufgaben. Daher stellte der Verband 1954 eine zweite Sekretärin ein, 1961 mit Rechtsanwalt Dietrich Fabricius einen Assistenten und mit Diplom-Volkswirt Klaus Neumann einen weiteren Assistenten. Heute zählt die Geschäftsstelle acht Mitarbeiterinnen und Mitarbeiter. Der Erfolg ihrer Arbeit zeigt sich nicht zuletzt darin, dass der Industrieverband Klebstoffe e. V. als zwar eher kleiner, aber hervorragend organisierter Wirtschaftsverband gilt.

Tab. 6: Personalentwicklung der Geschäftsführung 1946-heute.

Zeitraum	Geschäftsstelle	
	Anzahl Mitarbeiterstellen	Funktionen
1946 - 1947	k.A.	Personalunion: Vorsitzender und Geschäftsführer
1947 - 1948	1	Geschäftsführer
1948 - 1957	2	Geschäftsführer Sekretärin
1957 - 1961	3	Geschäftsführer 2 Sekretärinnen
1961 - 1969	4	Geschäftsführer Assistent 2 Sekretärinnen
1969 - 1993	5	1 Hauptgeschäftsführer 1 Geschäftsführer 1 Referent 2 Sekretärinnen
1993 - 2013	6,75	1 Hauptgeschäftsführer 2 Geschäftsführer 3,75 Sekretariatsstellen
2013 - heute	7,75	1 Hauptgeschäftsführer 2 Geschäftsführer 4,75 Sekretariatsstellen

IV.4 Im Spiegel seiner Briefköpfe – vom Fachverband Leime und Klebstoffe e. V. (1950) über den Fachverband Klebstoffindustrie e. V. (1972) zum Industrieverband Klebstoffe e. V. (1993)

Mehrfach in seiner Geschichte änderte der Fachverband den Namen, was auf ganz unterschiedliche Gründe zurück zu führen ist. Der ursprüngliche „Fachverband Leime, Klebstoffe und Gelatine, Nord-Rheinprovinz" verbannte bereits 1947 den Hinweis auf die Gelatine aus seinem Namen. Den Ausschlag für diese

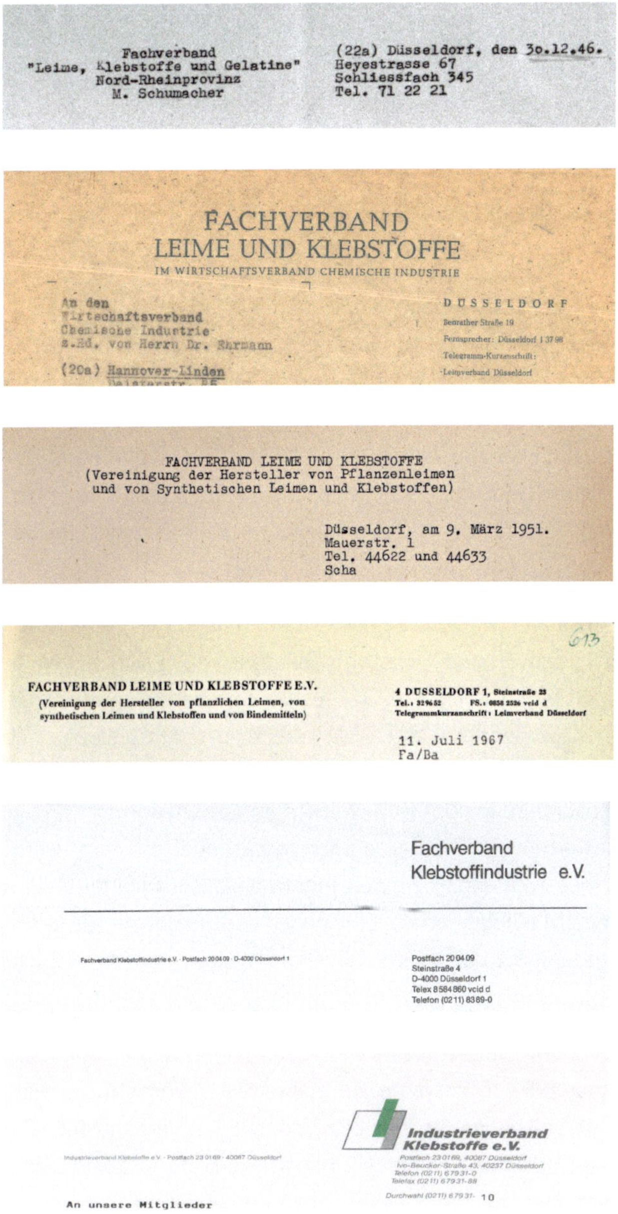

Abb. 23: Briefköpfe aus den Jahren 1946 - 1995
(IVK-Archiv, Düsseldorf).

Abb. 24: Logo des Industrieverband Klebstoffe e. V., 1993 (IVK-Archiv, Düsseldorf).

Entscheidung gab der Konflikt mit dem Hannoveraner Fachverband für tierische Leime.

Der 1950 so benannte „Fachverband Leime und Klebstoffe e. V. (Vereinigung der Hersteller pflanzlicher Leime und Synthetischer Leime und Klebstoffe) grenzte sich von den drei anderen Fachverbänden ab. Die Aufnahme der Spezialleimhersteller schlug sich in der heute fast vergessenen Namensergänzung „Bindemittel" nieder. „Fachverband Leime und Klebstoffe e. V. (Verband der Hersteller von pflanzlichen Leimen, von synthetischen Leimen und Klebstoffen und von Bindemitteln)" lautete fortan die offizielle, noch umständlichere Bezeichnung.

Erst mit der Namensänderung vom 22.3.1972 heftete sich der Verband ein prägnantes Etikett an: „Fachverband Klebstoffindustrie e. V." Da sich seit Mitte der 1950er Jahre die in der DIN-Norm 16 921 festgeschriebene Begrifflichkeit, nach der Klebstoff als Oberbegriff auch Leime, Kleister u. a. einschließt, auch im alltäglichen Sprachgebrauch durchgesetzt hatte, reagierte der Fachverband darauf mit der Namensänderung. Zugleich wollte man zum Ausdruck bringen, dass der Verband im Kern Industrieunternehmen repräsentierte. Kleingewerbliche Hersteller und Klebstoffhändler zählten mithin nicht zur Klientel. Keines der stimmberechtigten Mitglieder erhob Einwände, und so wurde die erforderliche Satzungsänderung auf der Mitgliederversammlung am 26.5.1972 einstimmig beschlossen.

Die heutige Bezeichnung „Industrieverband Klebstoffe e. V." bestätigte die Mitgliederversammlung 1993. Der Name sei zeitgemäßer und strahle mehr Kompetenz aus als der bisherige, so die Begründung der Verbandsführung. Zudem signalisiere die Charakterisierung als „Industrieverband" größere Eigenständigkeit auch gegenüber dem VCI, wohingegen der Begriff „Fachverband" Assoziationen einer nachrangigen Unterabteilung hervorriefe.

In Verbindung mit der Namensänderung entschloss sich der Industrieverband auch für ein Verbandslogo, dessen Entwürfe Mitarbeiter der Firmen Henkel und Uhu beisteuerten. 1994 verabschiedete die Mitgliederversammlung die entsprechende Zeichensatzung. Sein dynamisch-schräger Schriftzug ziert seither Briefköpfe, Internetauftritte, Messebeteiligungen, Fachsymposien und Jahresversammlungen.

Mit dem konsequent umgesetzten corporate design verschafft der Industrieverband seinem öffentlichen Erscheinungsbild einen gewissen Wiedererkennungswert, wie es mittlerweile nahezu alle gesellschaftlichen Organisationen praktizieren. Es war ein langer Weg vom geradezu öffentlichkeitsscheuen Fachverband hin zum medial präsenten Industrieverband Klebstoffe e. V.

V Wirtschaftlicher Aufschwung und gesellschaftlicher Aufbruch: Der Fachverband Leime und Klebstoffe e.V. während der Jahre 1950 bis 1972

V.1 Wirtschaftliche, politische und gesellschaftliche Entwicklung

Ein „Wunder" nimmt seinen Lauf

Gleich Phoenix aus der Asche erhob sich die bundesdeutsche Industrie aus den Trümmern ihrer zerbombten Fabriken, so jedenfalls die zeitgenössische Wahrnehmung. Tatsächlich belegen die volkswirtschaftlichen Eckdaten einen erstaunlich raschen und steilen Aufstieg. Bereits 1950 übertraf die industrielle Gesamtproduktion jene des letzten Friedensjahres 1938. Binnen kurzer Zeit schloss Deutschland zu den westlichen Industriestaaten auf und nahm in den 1960er Jahren einen der vorderen Listenplätze unter den leistungsstärksten Nationalökonomien weltweit ein. Als unbestrittener Vater dieses „Wirtschaftswunders" galt Ludwig Erhard. Sein Erfolgskonzept „Soziale Marktwirtschaft" versprach Wohlstand für alle und entwickelte sich zum Markenkern der jungen Bundesrepublik Deutschland.

Dabei hatte es anfänglich gar nicht gut ausgeschaut. Die sogenannte „Durchbruchskrise" bescherte im Winter 1949/50 dem Land rund 2 Mio. Arbeitslose, was einer Erwerbslosenquote von über 12 % entsprach. Es schien, als würden die Gespenster des „Schwarzen Freitags", jenes katastrophalen Börsencrashs im Oktober 1929, und der sich anschließenden Weltwirtschaftskrise fröhliche Urstände feiern. Selbst die Alliierten Hohen Kommissare, denen nach wie vor die Oberaufsicht über die junge Bundesrepublik oblag, forderten besorgt

Arbeitsbeschaffungsmaßnahmen und staatliche Eingriffe. Standhaft jedoch verweigerte Ludwig Erhard eine Abkehr von der Marktwirtschaft, und der Erfolg sollte ihm Recht geben. Mit Ausbruch des Korea-Krieges am 25.6.1950 setzte eine gewaltige Nachfrage nach deutschen Industriegütern aller Art ein. Dieser sogenannte „Korea-Boom" verlieh der westdeutschen Wirtschaft einen unverhofften Impuls zum dauerhaften und selbsttragenden Aufschwung.

In den Folgejahren nahm das bundesdeutsche „Wirtschaftswunder" mächtig Fahrt auf. Die Fabriken produzierten an der Grenze ihrer Auslastung, seit Mitte der 1950er verzeichnete der Arbeitsmarkt Vollbeschäftigung und Güter „made in Germany" fanden in aller Welt reißenden Absatz. Die Arbeitnehmer hierzulande verdienten ordentliches Geld, das sie auch ausgaben. In der Folge schwappten mehrere Konsumwellen durchs Land. Auf die „Fresswelle" der späten 1940er Jahre folgten die „Einrichtungswelle" und die „Reisewelle". Parallel dazu kennzeichneten ein anhaltender Bauboom sowie die rasche Massenmotorisierung jene Aufbruchsjahre. Als das Symbol des deutschen Wirtschaftswunders schlechthin brummte der „Käfer" aus dem Hause Volkswagen millionenfach über die bundesdeutschen Straßen.

Es waren die „trentes glorieuses" eines Wirtschaftsaufschwungs, der ganz Westeuropa erfasste. Selbst die konjunkturellen Abkühlungen der Jahre 1957/58 und 1967/68 vermochten den einzigartigen Nachkriegsboom nicht nennenswert zu bremsen. Das schaffte erst die Ölkrise von 1973/74, welche die Autofahrer als Preisschock an den Zapfsäulen der Tankstellen erlebten. Die Weltwirtschaft vollzog eine jähe und schmerzhafte Bauchlandung.

Wenn die Wirtschaft boomt, wird auch geklebt

Tatsächlich entwickelte sich die westdeutsche Klebstoffindustrie noch dynamischer als die gesamte Volkswirtschaft. Die Transportschwierigkeiten und Versorgungsengpässe bei Roh- und Grundstoffen wie Dextrin, Glukose oder Stärke gehörten schon 1948 weitgehend der Vergangenheit an. Zwar klagten einige Unternehmen infolge des Korea-Booms und der allgemein hohen Nachfrage zuweilen über Verknappungen bei einzelnen Klebrohstoffen; letztlich

Abb. 25: Bundeswirtschaftsminister Ludwig Erhard liest in seinem Bestseller „Wohlstand für alle", 1957 (BArch Bild B 145-F004204-003 / Doris Adrian).

Abb. 26: Symbol der Aufbruchsjahre: der VW Käfer, um 1957 (Unternehmensarchiv Volkswagen Aktiengesellschaft).

aber handelte es sich nur um kurzfristige Ärgernisse. Sie resultierten aus dem Umstand, dass die ohnehin beeindruckenden Absatzzahlen noch höher hätten ausfallen können.

Tab. 7: Umsatzentwicklung der dem Fachverband angehörenden Unternehmen, 1950 – 1956.

Jahr	Umsatz (Mio. DM)	Steigerung gegenüber Vorjahr (%)	Steigerung des BIP gegenüber Vorjahr (%)
1950	70	k. A.	k. A.
1951	80	14	9,6
1952	86	7,5	9,3
1953	102	19	8,9
1954	123	21	7,7
1955	134	9	12,1
1956	163	22	7,7

k. A.: keine Angaben

Stolz verkündete der Verbandsvorsitzende Adolf Müller-Born auf der Mitgliederversammlung 1958 Wachstumsraten beim Umsatz, von denen wir heute nur träumen können. Vor dem Hintergrund sehr niedriger Inflationswerte nahmen sich die Zahlen besonders eindrucksvoll aus. Da sich auch die durchschnittliche Profitmarge, anfangs noch das Sorgenkind unter den betriebswirtschaftlichen Eckdaten, über die Jahre hinweg immer erfreulicher entwickelte, blickte die Branche sehr zufrieden drein. Als Spitzenjahr vermerkt der Chronist „1969" in den Annalen der bundesdeutschen Klebstoffbranche. Damals kletterte der Produktionszuwachs auf 22,5 % binnen Jahresfrist.

Für diese beeindruckende Erfolgsbilanz führte VCI-Vizepräsident Dr. Konrad Henkel auf der Jubiläumsfeier anlässlich des 25-jährigen Bestehens des Fachverbandes am 4.6.1971 einige überzeugende Gründe an:

1. *Wissenschaftlich-technischer Fortschritt:* „In den vergangenen 25 Jahren wurde ein größerer Fortschritt in der Klebstoffherstellung erreicht, als in ein paar tausend Jahren zuvor", stellte Dr. Henkel zu Recht fest. Als entscheidende Ursache für diesen Entwicklungsschub machte er die systematisch

betriebene Grundlagenforschung und anwendungsbezogene Forschung aus. Beide hätten die althergebrachte, in den früheren „Leimküchen" praktizierte trial-and-error-Strategie weitgehend verdrängt. Folglich bereicherte eine ganze Reihe neuer Klebstoffe mit jeweils besonderen Qualitäten das Angebotsspektrum. Zu nennen wären etwa die anaerob aushärtenden Methacrylat-Klebstoffe, welche bei der Klebung von Metallverbindungen zur Anwendung kamen.

Tab. 8: Meilensteine (Auswahl) der Klebtechnik, 1950 – 1970.

Zeit	Innovation
1953	Markteinführung des anaerob aushärtenden Klebstoffs auf Dimethylacrylatbasis „Loctite"
1956	Markteinführung des ersten kalthärtenden Kontaktklebstoffs „Pattex", Henkel
1957	Anaerob aushärtende Methacrylat-Klebstoffe
1959	Einführung der Polycyanoacrylat-Klebstoffe
1960	Beginn industrieller Produktion von Klebstoffen für Plastik- und Metallbearbeitung
1968	Entwicklung feuchtigkeitshärtender Polyurethan-Klebdichtungen für den Automobilbau (Front-/Heckscheiben)
1969	Markteinführung des ersten Klebestifts „Pritt", Henkel
1970	Markteinführung von 1- und 2-Komponenten-Klebstoffen Markteinführung UV-lichthärtender Acrylat-Klebstoffe

2. *Neue Klebstoffe erobern neue Anwendungsgebiete:* Die Fortschritte bei der Entwicklung neuer Klebstoffe erschlossen zusätzliche Anwendungsfelder und damit weitere Kundenkreise. Neben Autobauern wie Volkswagen, Opel, BMW oder Mercedes zählte auch die aufkommende europäische Luftfahrtindustrie zu den Abnehmern neueren Datums. Zudem profitierte die Klebstoffbranche von dem Ende der 1950er Jahre aus den USA kommenden „do-it-yourself"-Trend, für den eigens 1975 ein Arbeitskreis eingerichtet wurde.

3. *Substitution anderer Fügetechniken:* Die Vorzüge der Klebtechnik gegenüber anderen Fügetechniken wie Schrauben, Nieten oder Schweißen sorgten dafür, dass sie diese sukzessive aus bestimmten Anwendungsbereichen verdrängte, bzw. ergänzte.

Natürlich herrschte während der Wirtschaftswunderzeit nicht nur eitel Sonnenschein. Immer wieder finden sich in den Marktanalysen des Fachverbandes mahnende Kommentare. Kopfzerbrechen bereiteten insbesondere während der frühen 1950er Jahre die als zu niedrig empfundenen Gewinnmargen. Einige Klebstoffanbieter, so der Vorwurf, würden ihre Produkte zu Dumpingpreisen auf den Markt werfen. „Preisdrückerei – eine Seuche" prangerte denn auch ein Fachaufsatz derartige Praktiken an, den die Verbandsführung ihren Mitgliedern zur dringenden Lektüre empfahl. Auch ermahnte der Vorsitzende Adolf Müller-Born unermüdlich zu strikter Preisdisziplin, appellierte an das Zusammengehörigkeitsgefühl der Branche und an die Geschäftsmoral jedes Einzelnen. „Zu einem gesunden Geschäft mit Lasten und Steuern gehören auch gesunde Preise", lautete Müller-Borns Credo. Tatsächlich entspannte sich die Ertragslage aus Sicht der Klebstoffindustrie, ehe sie um 1970 erneut bedenkliche Züge annahm.

Als Querschnittsbranche vollzog die Klebstoffindustrie sämtliche konjunkturellen Wechsellagen nach. Besorgt registrierte der Vorstand für das 1. Quartal 1967 einen Absatzeinbruch von 9 % – eine ebenso ungewohnte wie unangenehme Erfahrung für die erfolgsverwöhnte Branche. Sie sollte aber nur von kurzer Dauer sein. Ernsthaftere Schwierigkeiten zeichneten sich hingegen 1970/71 ab, als die Gewinne um 30 – 40 % einbrachen. Den Grund hierfür erkannte man in einer allgemeinen Teuerungswelle bei nahezu allen Kostenfaktoren wie Löhnen, Rohstoffen, Energie, Emballagen und Fracht. Erstmals seit der Nachkriegszeit stiegen die Klebstoffpreise auf breiter Front. Die Krisenanzeichen lassen sich als Wetterleuchten deuten, welches das weltwirtschaftliche Gewitter im Zuge der Ölkrise 1973/74 ankündigte.

Mitbestimmung, Kartellgesetz, Liberalisierung des Aussenhandels – die wichtigen ordnungspolitischen Weichenstellungen

„Die Verbandsarbeit hat sich mehr und mehr wirtschaftsrechtlichen und wirtschaftspolitischen Aufgaben zugewandt", erläuterte der Vorstandsvorsitzende

Max Schumacher auf der Mitgliederversammlung 1953. Tatsächlich beschäftigten in jenen Jahren etliche ordnungspolitische Weichenstellungen Regierung, Verbände und Öffentlichkeit. Zu nennen sind vor allem das Mitbestimmungsgesetz (1951), das Kartellgesetz (1958) und die Liberalisierung des Außenhandels im Zuge der internationalen GATT-Verhandlungsrunden.

Das Mitbestimmungsgesetz in seiner ersten Fassung aus dem Jahre 1951 bezog sich ausschließlich auf die Montanindustrie, betraf die Klebstoffbranche daher nicht unmittelbar. Allerdings bedurfte es wenig Phantasie, um vorauszusehen, dass sein Geltungsbereich tendenziell auf die gesamte Industriewirtschaft ausgedehnt werden würde. Mitte der 1960er Jahre forcierte der Deutsche Gewerkschaftsbund die entsprechende Debatte.

Der Fachverband Leime und Klebstoffe e. V. vertrat stets die Auffassung, dass über eine betriebliche Mitbestimmung in Fragen der sozialen Absicherung mit den Gewerkschaften diskutiert werden könnte. Ein Mitspracherecht im Bereich der wirtschaftlichen Unternehmensführung schloss der erste Vorsitzende Max Schumacher kategorisch aus. Das würde die persönliche Verantwortung des Unternehmers einschränken und sein Grundrecht auf unternehmerische Freiheit beschneiden. In der Tat überzeugt sein Argument gerade mit Blick auf eine mittelständisch geprägte Branche wie die Klebstoffindustrie. An dieser Position hielt der Fachverband auch zu Beginn der 1970er Jahre fest, als die Reform des Mitbestimmungsgesetzes erneut auf der tagespolitischen Agenda stand. In einem Rundschreiben anlässlich der Bundestagswahl 1969 warnte der Fachverband seine Mitglieder vor den „unabsehbaren Folgen" einer erweiterten Mitbestimmung.

Zum zweiten setzte sich der Fachverband intensiv mit dem am 1.1.1958 in Kraft getretenen „Gesetz gegen Wettbewerbsbeschränkungen" („Kartellgesetz") auseinander. Bundeswirtschaftsminister Ludwig Erhard hatte das Gesetz dank massiver Rückendeckung der USA erfolgreich auf den Weg gebracht – trotz des heftigen Gegenwinds, der ihm seitens der deutschen Wirtschaftsverbände ins Gesicht blies. Auch der Fachverbandsvorsitzende Adolf Müller-Born polemisierte auf der Mitgliederversammlung 1956 scharf gegen die „doktrinären Ansichten" Erhards in Fragen der Wettbewerbsordnung. Mittelständische Unternehmen, so Müller-Born, müssten die Möglichkeit einer Kartellabsprache behalten. Diese Position ließ sich indes nicht verteidigen; nolens volens arrangierte sich der Verband daher

mit dem Kartellgesetz. Allerdings lotete er in den Folgejahren verschiedentlich die gesetzeskonformen Spielräume für marktordnende Praktiken aus. Das Beispiel der deutschen Kartelltradition zeigt, dass eine jahrzehntealte Geschäftskultur nicht so ohne weiteres per Gesetz auszuhebeln ist.

Als dritter Punkt stand die außenwirtschaftliche Liberalisierung auf der Agenda. Grundsätzlich befürwortete die exportorientierte Klebstoffindustrie den Abbau von Handelsschranken im Zuge der internationalen GATT-Verhandlungen. Geschäftsführer Dr. Hoffmann nahm sogar im Auftrag der Bundesregierung an der ersten Gesprächsrunde im südenglischen Torquay 1951 teil, was seine exzellenten Kontakte in höchste Regierungskreise unterstreicht. Gleichwohl kritisierte der Vorsitzende Müller-Born scharf die als voreilig empfundene Absenkung von Importzöllen bei Klebstoffen, die ohne Anhörung des Fachverbandes durchgesetzt worden wäre. Vor allem niederländische und schwedische Konkurrenten drängten nicht zuletzt wegen ihrer Dumpingpraxis erfolgreich, aber mit unlauteren Mitteln auf den westdeutschen Markt, wo sie den heimischen Herstellern das Leben schwer machten.

Bei all diesen ordnungspolitischen Grundsatzfragen argumentierte der Fachverband pointiert, zuweilen polemisch, brachte letztlich aber die Interessen seiner Mitglieder sachlich gut begründet gegenüber der Regierung vor. Und das ist seine Aufgabe.

Alle Wege führen nach Rom: die Anfänge der europäischen Integration

Schließlich fiel in jenen Jahren auch noch die Entscheidung für die westeuropäische Integration. Am 25.3.1957 unterzeichneten sechs Staats- und Regierungschefs – unter ihnen Bundeskanzler Konrad Adenauer (CDU) – im altehrwürdigen Senatorenpalast in Rom die Verträge zur Gründung der Europäischen Wirtschaftsgemeinschaft (EWG) und zur Europäischen Atomgemeinschaft (EURATOM). Sie traten zum 1.1.1958 in Kraft und begründeten einen Integrationsprozess, dessen erfreuliche wie ärgerliche Folgen uns bis zum heutigen Tage beschäftigen.

Abb. 27: Unterzeichnung der Römischen Verträge am 25.3.1957
(BPA Bild 145-00014192 / o. A.).

Die Idee eines vereinten Europas hat eine lange Vorgeschichte. Unter dem Eindruck des verheerenden Ersten Weltkrieges entwickelten zahlreiche Intellektuelle, Politiker und auch Unternehmer während der 1920er Jahre die Vision eines vereinten und friedlichen Europas. Eine gewisse Prominenz erlangte beispielsweise die Paneuropa-Union des österreichischen Grafen Coudenhove-Calerghic. In all den seinerzeit erörterten Konzepten spielte die Wirtschaft und ihre grenzüberschreitende Zusammenarbeit eine Schlüsselrolle.

Aber erst nach einem zweiten, ebenso fürchterlichen Weltkrieg sollten derartige Planspiele konkretere Gestalt annehmen. Am 9.5.1950 ließ der französische Außenminister Robert Schuman bei einer Pressekonferenz in Paris im übertragenen Sinne eine Bombe platzen. Er schlug die Gründung einer Europäischen Gemeinschaft für Kohle und Stahl (EGKS) vor, an der neben Frankreich und Deutschland auch Italien, Belgien, die Niederlande und Luxemburg teilnehmen sollten. Diese sogenannte „Montanunion" erblickte 1951 tatsächlich das Licht der Welt und begründete einen gemeinsamen Markt für die volkswirtschaftlichen

Schlüsselbranchen des Wiederaufbaus, nämlich Bergbau, Eisen und Stahl. Damit war die Blaupause für die Europäische Wirtschaftsgemeinschaft und die heutige Europäische Union gezeichnet. Früher oder später würde auch der anfangs noch zögerliche Fachverband Leime und Klebstoffe e. V. auf den Zug nach Europa aufspringen müssen.

Unbequeme Fragen, unbequeme Themen: das gesellschaftliche Umfeld wird kritischer

Diskretion lautete das oberste Gebot in der Verbandsarbeit. Was für die internen Diskussionen auf der Hand lag, galt ebenso für die Gespräche mit der Regierung und den Behörden. Im Vordergrund standen technische und wirtschaftliche Fragen, die sachorientiert zu klären waren. Öffentlichkeit spielte so gut wie keine Rolle, eine durchdachte PR-Strategie lag außerhalb des damaligen Vorstellungshorizonts und vertrug sich auch kaum mit dem Selbstverständnis eines Wirtschaftsverbandes.

Seit den 1960er Jahren aber bewegte sich der Fachverband in zunehmend unruhigeren gesellschaftlichen Gewässern. Den entbehrungsreichen Wiederaufbau mit seinen existenziellen Herausforderungen hatte man weitgehend hinter sich gelassen. Nun drängten neue Fragen auf die tagespolitische Agenda. Aufgerüttelt durch Skandale wie jenen um das Schlafmittel „Contergan" (1961) und seine schädigende Wirkung auf die pränatale Entwicklung oder durch frühe Öko-Bestseller wie Rachel Carsons „Der Stumme Frühling" (1962) über das Pestizid DDT, forderte eine zunehmend kritische Öffentlichkeit Aufklärung über Gesundheits-, Arbeits- und Verbraucherschutz ein. Um 1970 dann löste das wie aus dem Nichts auftauchende Schlagwort „Umwelt" in allen möglichen Kombinationen die bis heute andauernde öffentliche „Öko-Debatte" aus.

Bohrende Fragen an Wissenschaft, Politik, Unternehmen und Wirtschaftsverbände mehrten sich. In Reaktion auf das sich verändernde gesellschaftliche Klima beschloss die Bundesregierung im Jahre 1964, eine Verbraucherschutzorganisation namens „Stiftung Warentest" ins Leben zu rufen. Ihre Begrüßung seitens der Unternehmerverbände fiel eher frostig aus. Da machte der Fachverband Leime und Klebstoffe e. V. keine Ausnahme.

Zu den speziell an die Klebstoffindustrie herangetragenen Themen zählten die seit 1957 diskutierten Arbeitsschutzverordnungen bei der Verwendung lösemittelhaltiger Klebstoffe, die 1960 geforderten lebensmittelrechtlichen Unbedenklichkeitszertifikate oder auch die im selben Jahr erhobenen Klagen über die Gefährdung durch Neoprenklebstoffe. Ausgesprochen verschnupft reagierte Geschäftsführer Dr. Hoffmann auf zwei Zeitungsartikel, die im Januar 1963 das sogenannte „Schnüffeln" unter Jugendlichen aufgriffen. Den Artikel „Rausch und Tod aus dem Leimtopf" nannte er eine „geschmacklose und unverantwortliche journalistische Leistung". Im gleichen Sinne bewertete Hoffmann den Artikel „Gifthaus im Schwarzwald", den das Magazin „Stern" im Dezember 1964 publizierte. Es ging um die Luftbelastung in geschlossenen Räumen.

In all diesen Fällen verzichtete der Fachverband auf eine öffentliche Stellungnahme, wohl um keine „schlafenden Hunde zu wecken". Auf Dauer aber sollte diese Strategie nicht zielführend sein. Und wie im Falle des Kartellgesetzes zeigte sich die Verbandsführung auch bei den unbequemen Fragen zu Arbeits-, Gesundheits-, Verbraucher- und Umweltschutz nach einer Phase des „Fremdelns" lern- und anpassungsfähig. Im Laufe der Jahre gingen Geschäftsführung und Vorstand deutlich souveräner und konstruktiver mit den an sie herangetragenen Anliegen um, auch wenn sie unangenehmer oder in ihren Augen gar unberechtigter Natur waren.

V.2 KOMPETENZ UND KONTINUITÄT – DIE FÜHRUNGSEBENE DES FACHVERBANDES LEIME UND KLEBSTOFFE E. V.

Nach einigermaßen bewegten Gründungsjahren legte der Fachverband eine ausgesprochen effiziente und erfolgreiche Geschäftsroutine an den Tag. Zu den Erfolgsfaktoren zählten sicherlich die glückliche Auswahl des Führungspersonals sowie die personelle Kontinuität im Vorstand und in den Arbeitskreisen. Ohne

Zweifel profitierte der Verband vom Sachverstand erfahrener Funktionsträger, der über mehrere Amtsperioden hinweg ja eher zu- als abzunehmen pflegt. Aus der langjährigen Zusammenarbeit erwuchs wechselseitiges Vertrauen, welches zu einem angenehmen, arbeitsförderlichen Binnenklima beitrug. Man kannte sich, man schätzte sich, man konnte sich aufeinander verlassen. Eine solche erfreuliche Arbeitsatmosphäre ließ auch den mit dem Ehrenamt verbundenen Zeit- und Arbeitsaufwand eher verschmerzen.

Die Wahlergebnisse für den Vorstand und die Arbeitskreise fielen in aller Regel eindeutig bis einstimmig aus. Das weist auf ein geringes Konfliktpotential innerhalb des Verbandes hin, aber auch auf einvernehmliche Vorabsprachen. Ernsthafte Kampfabstimmungen oder harte Auseinandersetzungen in Personalfragen lassen sich nur vereinzelt nachweisen. Widerspruch regte sich beispielsweise gegen die geplante Wahl Max Schumachers als Obmann des Arbeitskreises Pflanzenklebstoffe Ende der 1950er Jahre. Dabei richteten die Herren Bollmann (Sichel-Werke, Hannover) und Jordan (Isar-Chemie, München) ihre Kritik keineswegs ad personam. Ganz im Gegenteil, Max Schumacher erfreute sich allseits großer Sympathien und Anerkennung. Vielmehr störte das strukturelle Übergewicht der Firma Henkel, die neben dem Vorstandsvorsitzenden auch den Vorsitzenden des Technischen Ausschusses stellte und damit in der Verbandsführung sehr präsent war.

Eine andere umstrittene Personalie betraf die Firma Kömmerling. Sie beabsichtigte 1964 den Obmann für den Arbeitskreis Synthetische Leime und Klebstoffe zu stellen. Offenkundig widersprach dies aus nicht näher ausgeführten Gründen den Vorstellungen des Geschäftsführers Dr. Hoffmann. Daher erkundigte er sich beim damaligen Vorsitzenden Adolf Müller-Born über die Möglichkeit, einen Obmann der Fa. Kömmerling zu verhindern.

Prägend: Die Vorsitzenden

Die Persönlichkeit und der Führungsstil eines Vorsitzenden wirken weit in einen Verband hinein. Dies galt auch für die ersten vier Vorsitzenden des Fachverbandes Leime und Klebstoffe e. V.: Max Schumacher (1950 – 1955), Adolf

Müller-Born (1955 – 1964 und 1965 – 1966), Siegmund Bollmann (1964 – 1965) und Werner Westphal (1966 – 1980).

Der erste Vorsitzende Max Schumacher ging als spiritus rector in die Geschichte des Fachverbandes ein. Von Anfang an hatte er vehement für seine Vision eines branchenumfassenden Fachverbandes gefochten und die Auseinandersetzung namentlich mit den Herstellern tierischer Leime sachlich aber konsequent ausgetragen. Unter seiner Leitung fand der Fachverband sowohl hinsichtlich der alltäglichen Geschäfte als auch hinsichtlich der Jahresversammlungen zu einer bewährten Praxis. Gesundheitliche Gründe bewogen Max Schumacher schließlich im Jahre 1955, nicht mehr für den Vorsitz zu kandidieren. Als Leiter der Unterabteilung Fußbodenklebstoffe blieb er dem Verband bis zu seinem Tode im Jahr 1963 verbunden.

Schumachers Nachfolger Adolf Müller-Born begleitete den Fachverband schon seit 1950. Seine berufliche Karriere hatte im Jahr 1931 als Lehrling in der Leimabteilung der Firma Henkel begonnen. Nach etlichen Jahren im Außendienst – Ruhrgebiet, Berlin und Breslau lauteten die Stationen – kehrte Müller-Born 1945 nach Düsseldorf zurück. Dort übernahm er die kaufmännische Leitung des Klebstoffwerkes, das unter seiner Führung zum unbestrittenen Branchenprimus Europas aufstieg. Im Jahr 1960 gelangte Müller-Born in die Geschäftsführung des Konzerns, wo er bis zu seinem altersbedingten Ausscheiden 1973 für die technische Chemie verantwortlich zeichnete. Dem Fachverband stand er von 1955 bis 1964 und 1965/66 vor. Für seine Verdienste um den Fachverband Leime und Klebstoffe e. V. erhielt Adolf Müller-Born am 30.10.1973 das Bundesverdienstkreuz am Bande aus der Hand des Düsseldorfer Oberbürgermeisters überreicht.

Zu seinem Nachfolger wählte die Mitgliederversammlung 1964 den langjährigen Verbandsvorstand und Obmann des Arbeitskreises Pflanzliche Leime Siegmund Bollmann, Direktor der Hannoveraner Sichel-Werke. Sie gehörten seit 1961 zum Henkel-Konzern, somit blieb der Vorsitz in der Hand des größten Klebstoffherstellers Deutschlands. Siegmund Bollmann verstarb indes bereits wenige Monate nach seiner Wahl. In dieser Situation erklärte sich Adolf Müller-Born auf Bitten des Vorstandes nochmals bereit, für eine Interimszeit den Verbandsvorsitz zu übernehmen.

Erst 1966 trat mit Werner Westphal aus dem Hause Henkel ein neuer Vorsitzender sein Amt an, das er bis 1980 bekleiden sollte. In seine Zeit fielen die organisatorische Diversifizierung und gesellschaftliche Öffnung des Fachverbandes, die Gründung des europäischen Klebstoffverbandes FEICA (1972) sowie der dramatische Umschwung in der konjunkturellen Großwetterlage (1974/75).

Erfahren und verlässlich: die Geschäftsführung unter Leitung von Dr. Alfred Hoffmann

Allen vier Vorsitzenden stand mit Dr. Alfred Hoffmann bis zum Eintritt in den Ruhestand 1970 ein erfahrener und kompetenter Geschäftsführer zur Seite. Aufgrund seiner aus früheren Zeiten stammenden Kontakte ins Bundeswirtschaftsministerium fand Hoffmann für einen Vertreter eines eher kleinen Interessenverbandes erstaunliches Gehör in politischen Kreisen.

Es liegt in der Natur der Sache, dass erfolgreiche Arbeit weitere Aufgaben nach sich zu ziehen pflegt. So geschah es auch im Falle des Fachverbandes Klebstoffe e. V. Ende der 1950er Jahre sah sich Dr. Hoffmann außer Stande, das operative Geschäft des prosperierenden Fachverbandes gemeinsam mit nur zwei Sekretärinnen zu bewältigen. Daher beschloss der Vorstand, die Geschäftsstelle personell aufzustocken. Der auserkorene Jurist Günter Janssen verließ aber bereits nach einem Jahr das Boot. Ein glücklicheres Händchen bewies der Verband bei der Auswahl seines Nachfolgers. Mit dem zum 1.1.1961 eingestellten Rechtsanwalt Dietrich Fabricius, der zuvor beim Fachverband der Stickstoffindustrie einschlägige Berufserfahrungen hatte sammeln können, gewann man einen überaus verlässlichen Mitarbeiter – für rund drei Jahrzehnte! Da auch Fabricius' Nachfolger ein echter „longrunner" im Amte ist, scheint sich das Erfolgsrezept des Fachverbandes zu bestätigen: Kompetenz und personelle Kontinuität in Schüsselpositionen.

Abb. 28: Vorsitzender Max Schumacher (1950 – 1955) im Kreise der Henkel-Geschäftsführung, stehend rechts, 1950 (Konzernarchiv Henkel AG & Co. KGaA, Düsseldorf).

Abb. 29: Adolf Müller-Born, Vorsitzender 1955 – 1964 und 1965 – 1966 (Konzernarchiv Henkel AG & Co. KGaA, Düsseldorf).

Abb. 30: Siegmund Bollmann, Vorsitzender 1964 – 1965 (Konzernarchiv Henkel AG & Co. KGaA, Hannover – ehemals Sichel-Werke).

V.3 Informieren, kommunizieren, moderieren und organisieren – die verbandsinterne Arbeit

Rundschreiben, „Kundeninformationen", „Wichtige Zahlen ..."

Rundschreiben, „Kundeninformationen", „Wichtige Zahlen des Fachverbandes Leime und Klebstoffe e. V." – diese Formate gewährleisteten in den frühen Jahren, dass die Mitglieder über das Jahr hinweg mit für sie relevanten Informationen versorgt wurden.

Die Rundschreiben erschienen alle zwei Wochen, hinzu kamen weitere Sonderrundschreiben aus speziellen Anlässen. Alleine für das Geschäftsjahr 1955/56 listete Max Schumacher akribisch 43 Rundschreiben auf. Sie enthielten 1.091 Stichpunkte, deren inhaltlicher Bogen sich von Würdigungen anlässlich Geburtstagen, Dienst- oder Firmenjubiläen über neue Gesetze und Verordnungen, Ankündigungen von Fachveranstaltungen bis hin zu Anfragen aus dem In- und Ausland bezüglich spezieller Klebstoffe oder möglicher Kooperationen spannte.

Im August 1950 gab die Geschäftsführung erstmals sogenannte „Kundeninformationen" heraus. Sie waren auch in anderen Fachverbänden üblich und enthielten Listen von Kunden, die sich gegenüber Mitgliedsfirmen im Zahlungsverzug befanden. Im ersten Geschäftsjahr verschickte der Verband 17 solcher Berichte mit den Namen von insgesamt 475 säumigen Klebstoffkunden. Anfangs lieferten mehr als die Hälfte aller Verbandsmitglieder entsprechende Hinweise für die „Kundeninformationen". Allerdings ließ ihre Beteiligung im Laufe der Jahre spürbar nach, weshalb der Verband diese Praxis nach wenigen Jahren aufgab. Dazu trug neben mehrfachen Indiskretionen wohl auch der Sachverhalt bei, dass man sich in einer juristischen Grauzone bewegte. Nur eine Klebstoffsparte setzte diese Praxis bis 1995 fort, ehe das Tandem Picker / van Halteren wegen der verschärften Datenschutzbestimmungen ihre Einstellung veranlassten.

Als weitere Dienstleistung verschickte die Geschäftsführung seit 1963 jährlich die Broschüre „Wichtige Zahlen des Fachverbandes Leime und Klebstoffe

Abb. 31: Werner Westphal (stehend), Vorsitzender 1966 – 1980. Sitzend von links: Dr. Konrad Henkel, Geschäftsführer Dietrich Fabricius und Hr. Schuch, um 1971 (IVK-Archiv, Düsseldorf).

Abb. 32: (Haupt-)Geschäftsführer Dietrich Fabricius, 1970 – 1992 (IVK-Archiv, Düsseldorf).

e. V." Sie enthielt neben Informationen über den Verband auch Eckdaten der volkswirtschaftlichen Entwicklung sowie der Klebstoffbranche. Die Resonanz auf dieses Angebot war sehr erfreulich, weshalb das arbeitsaufwändige Projekt fortgeführt wurde. Erst 1993 löste das „Handbuch Klebstoffe" die Broschüre ab.

Um dem dauerhaften Preiskampf auf dem Klebstoffmarkt Einhalt zu gebieten, diskutierte der Vorstand erstmals 1962 einen sogenannten Betriebsvergleich. Dabei sollten die betriebswirtschaftlichen Kerngrößen der Mitgliedsfirmen zu einer branchendurchschnittlichen Kalkulationsgrundlage zusammengeführt werden, anhand der die einzelnen Klebstoffproduzenten die Preisgestaltung der eigenen Produkte ausrichten konnten. Wegen der günstigen Gewinnspannen

wurde das Vorhaben längere Zeit erst einmal auf Eis gelegt. Erst die „nicht für möglich gehaltenen Tiefststände" bei den Klebstoffpreisen sorgten 1969 dafür, dass die Pläne wieder aus der Schublade gezogen wurden. Der neu gegründete „Betriebswirtschaftliche Ausschuss" erarbeitete auf der Basis der zugelieferten Unternehmensdaten eine branchenspezifische Kostenstruktur, die als Grundlage für künftige Betriebsvergleiche diente. Im Jahre 1970 wurde ein erster Betriebsvergleich durchgeführt, wie ihn auch andere Fachverbände praktizierten. Kritische Stimmen wandten indes ein, dass die heterogene Klebstoffbranche für ein solches Unterfangen gänzlich ungeeignet wäre. Offenkundig teilten etliche Unternehmen diese Auffassung. Denn hatten sich anfangs noch 25 Firmen beteiligt, waren es 1973 nur noch deren 13. Zu wenig für eine aussagekräftige Botschaft. Daher beschloss man, das Projekt für zunächst drei Jahre ruhen und dann stillschweigend einschlafen zu lassen.

Verbandsgremien als Foren internen Meinungsaustausches

Die wichtigsten Foren der verbandsinternen Kommunikation waren aber ohne Zweifel die Gremiensitzungen. Im Vorstand, Technischen Ausschuss, in den Arbeitskreisen und -ausschüssen sowie den zahlreichen nachgeordneten Gruppen erörterte man die relevanten Fragen. Wie Ehrenmitglied Dr. Frank von der Jowat SE in Detmold ausführte, boten diese Gesprächskreise allen Beteiligten eine hervorragende Gelegenheit, sich frühzeitig ein verlässliches Bild über Markttrends, Rohstofflieferanten, technische Entwicklungen, Wettbewerber u. a. zu verschaffen.

Bisweilen hielt sich in den frühen Jahren die Anzahl der Sitzungen in Grenzen. Im Geschäftsjahr 1954/55, erläuterte Dr. Hoffmann der aufmerksamen Mitgliederversammlung, hätte aufgrund der erfreulichen Wirtschaftslage kein ausreichender Gesprächsbedarf bestanden. Daher wären sämtliche Termine für Vorstands- und Arbeitskreistreffen entfallen. Das Protokoll enthält keine Hinweise auf die Gemütslage des Geschäftsführers beim Verlesen dieser Nachricht – vermutlich war sie heiter.

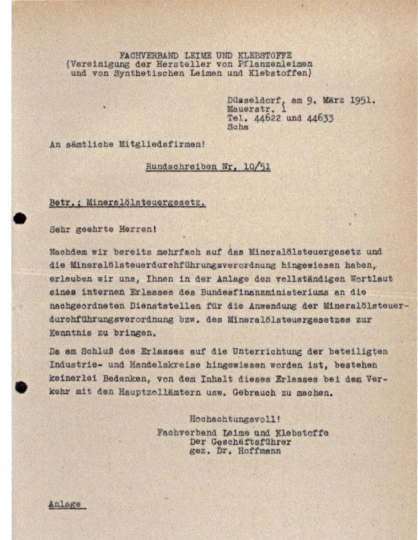
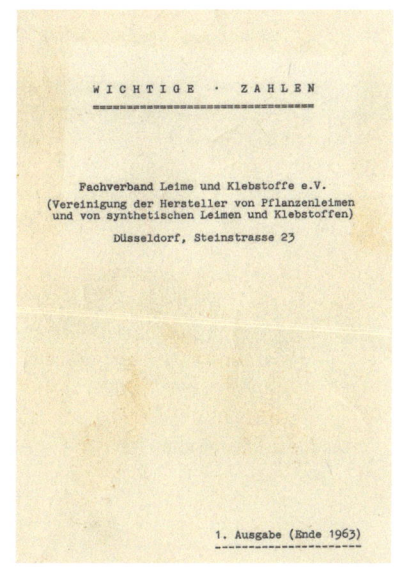

Abb. 33: Rundschreiben, Kundeninformationen, „Wichtige Zahlen" – Formen der verbandsinternen Kommunikation (IVK-Archiv, Düsseldorf).

Von derart paradiesischen Verhältnissen durfte sein Nachfolger Dietrich Fabricius nur noch träumen. Für das Jahr 1970 listete er detailliert die Gremientätigkeit auf, welche der Fachverband leistete und die Geschäftsführung organisatorisch betreute. Multipliziert man die benannten 33 Gremien mit den üblichen drei bis vier Sitzungen pro Jahr, kommt man auf eine beachtliche Zahl und kann das daraus erwachsende Arbeitsaufkommen abschätzen.

Tab. 9: Gremienarbeit der Geschäftsführung, 1970.

Organisation	Gremium	Anzahl
Fachverband Leime und Klebstoffe e. V.	Mitgliederversammlung	1
	Vorstand	1
	Technischer Ausschuss	1
	Betriebswirtschaftlicher Ausschuss	1
	Arbeitskreise	6
	Technische Kommissionen	3
	Arbeitsausschüsse	2
Verbindungsbüro der Hersteller pflanzlicher und synthetischer Leime und Klebstoffe der Länder der EWG	Vollversammlung	1
	Technische Kommissionen	5
Verband der Chemischen Industrie	AA Transport gefährlicher Güter	1
	AA Bedarfsgegenstände für das Lebensmittelgesetz	1
	IK öffentliche Aufträge	1
	AK Sprengstoffe	1
	GK gefährliche Arbeitsstoffe	1
Zusammenschluss der Chemieverbände Europas (SICC)		2
Bundesverband der Deutschen Industrie	AA Bedarfsgegenstände zum Lebensmittelgesetz	1
	Normenausschüsse	4
Summe		33

Mehr als nur ein Zweckbündnis

Dass der Fachverband sich auch als Solidargemeinschaft verstand, belegt sein Handeln, als 1962 eine verheerende Flutkatastrophe Hamburg heimsuchte. Umgehend erkundigte sich die Geschäftsführung bei den dort ansässigen sechs Klebstoffherstellern, darunter bei den Gründungsmitgliedern O. Seidler KG und Tivoli-Werke AG, nach Flutschäden und bot Hilfe an. Glücklicherweise konnten die betroffenen Unternehmen die uneigennützige Offerte dankbar zu Kenntnis nehmen und gleichzeitig dankend ablehnen. Ihre Produktionsanlagen waren von den Fluten weitgehend verschont geblieben.

Bei Tarifauseinandersetzungen forderten die Geschäftsführung und der Vorstand ebenfalls solidarisches Verhalten ihrer Mitglieder ein. Konkret wurde angemahnt, nicht auf Kosten bestreikter Unternehmen den eigenen Marktanteil zu steigern. Moderierend und schlichtend wirkte die Verbandsführung, wenn etwa Unternehmen gezielt Mitarbeiter von Konkurrenten abwarben, ohne den bisherigen Arbeitgeber zu kontaktieren. Auch bei problematischen Werbekampagnen einzelner Klebstoffhersteller griffen der Vorsitzende oder der Geschäftsführer zum Telefonhörer, um die Angelegenheit diskret aus der Welt zu räumen.

Streit kommt in der besten Familie vor, da machte auch der Fachverband keine Ausnahme. So bedauerte Max Schumacher auf der Mitgliederversammlung 1953, „dass die volle Harmonie, die seit Gründung des Fachverbandes im Februar 1948 stets herrschte, gestört worden sei". Anlass für das Zerwürfnis war ein heftiger Patentstreit, der allerdings nach einigen Monaten geschlichtet werden konnte.

Durchaus ernsthafterer Natur war die Missstimmung, die in den späten 1950er Jahren wegen der verbandsinternen Dominanz der Firma Henkel aufkam. So kritisierten Siegmund Bollmann und Dr. Jordan, dass bei einer Fachtagung in Stuttgart nur Produkte aus dem Hause Henkel vorgeführt worden wären. Hingegen hätte die Firma Sichel ihre Produkte nicht ausstellen dürfen. Der Ärger muss im Kontext der anstehenden Übernahme des Traditionsunternehmens Sichel-Werke durch den Düsseldorfer Branchenführer gesehen werden und drohte sogar die Jahrestagung in Garmisch-Partenkirchen zu sprengen. Als dann 1962 einige kleinere Klebstoffhersteller Dextrine und Stärke wegen der besagten Übernahme künftig bei der Fa. Südstärke kaufen wollten, drohte Adolf Müller-Born mit Konsequenzen. Sollte es sich tatsächlich so verhalten, „dann kann man sich natürlich auch nicht wundern, wenn wir unsere bisherige Haltung gegenüber kleineren Klebstoff-Fabrikanten ändern". Es handelte sich um die einzige überlieferte Episode, bei der der Vorsitzende die Marktmacht des Düsseldorfer Branchenprimus so unverhüllt ins Spiel brachte. In späteren Jahren, so die übereinstimmende Auskunft des Ehrenvorsitzenden Picker und des Ehrenmitglieds Dr. Frank, habe die Marktpräsenz von Henkel keinen negativen Einfluss auf die innerverbandliche Machtbalance oder gar das Binnenklima gezeigt.

V.4 Der Fachverband als Sprachrohr nach aussen

„Nur ein Verband ist in der Lage, in unserer heutigen pluralistischen Gesellschaft eine Gruppe wirksam zu vertreten." So begründete Werner Westphal 1968 die gewachsene Bedeutung von Wirtschaftsverbänden, nachdem zwischenzeitlich Kritik an einer als unzulänglich empfundenen Verbandstätigkeit laut geworden war.

Exzellente Kontakte zu Ministerien und Behörden

Wichtig für die Durchsetzungsfähigkeit eines Verbandes sind natürlich seine engen und vor allem guten Kontakte zu den Ministerien und nachgeordneten Behörden. Der erste Geschäftsführer, Dr. Alfred Hoffmann, konnte hier aufgrund seiner früheren Tätigkeit auf reichhaltige Erfahrungen und persönliche Beziehungen zurückgreifen. Ende 1951 nahm er im Auftrag des Bundeswirtschaftsministeriums als Mitglied der deutschen Delegation an Verhandlungen des Internationalen Rohstoffamtes in Washington teil. Auch bei den GATT-Verhandlungen im südenglischen Torquay 1951 saß er mit am Tisch – keine Selbstverständlichkeit für den Geschäftsführer eines eher kleinen Fachverbandes. Der Vorsitzende Max Schumacher gehörte seit 1951 dem Beirat für Stärkewirtschaft des Bundesernährungsministeriums an und verfügte so über direkten Zugang zur obersten Ebene dieses Ministeriums. Direktor Erich Wiese von den Tivoli-Werken Hamburg kannte nach eigener Aussage Generaldirektor Friedrich von der Harburger Gummiwarenfabrik Phoenix sehr gut. Friedrich fungierte als Rohstoffbeauftragter Ludwig Erhards und galt zugleich als dessen enger Vertrauter.

Der solchermaßen beeindruckend vernetzte Fachverband brachte in zahlreichen Gesprächen und Verhandlungen auf oberster Ministeriumsebene seine Interessen zum Ausdruck. Selbst der Zugang zum Bundeskanzleramt öffnete sich 1955. Auch im Bundesministerium für Arbeit und für Finanzen wurde der Fachverband von Zeit zu Zeit vorstellig. Mit der Gründung der Bundeswehr im Jahr 1955 trat ein neuer Großkunde auf den Plan. In etlichen Verhandlungen erkundigten sich Vertreter des Verteidigungsministeriums nach neuesten klebtechnischen Trends. Konkret ging es um Dichtmaterial und Spezialklebstoffe für Atombunker, um die Möglichkeit des Klebens von Kunststoff auf Stahlblech und von Metall auf Holz, wie es für den Bau von Minensuchbooten, beim Einsatz von Pontonbrücken und im Flugzeugbau erforderlich war.

Liebe auf den zweiten Blick: der Fachverband und die Zeitschrift „adhäsion"

Es dauerte eine ganze Weile, ehe die Zeitschrift „adhäsion" und der Fachverband Leime und Klebstoffe e. V. zueinander fanden. Mit seiner 1955 an den Vorstand herangetragenen Bitte um Unterstützung bei der Gründung einer neuen Fachzeitschrift für Klebstoffe hatte der Verleger Hans Hadert noch auf Granit gebissen. Dabei erwartete Hadert, der bereits von 1933 - 1945 die Fachzeitschrift „Leime, Klebstoffe und Gelatine" herausgegeben hatte, keine unbilligen Vorleistungen, etwa im Sinne einer Anschubfinanzierung. Vielmehr hoffte er, dass der Verband ihm einige Türen bei potentiellen Anzeigenkunden und Abonnenten öffnen würde. Außerdem setzte der Verleger darauf, dass aus den Kreisen der Klebstoffindustrie der eine oder andere Fachartikel für sein Blatt verfasst werden würde.

Indes, der Vorstand um Adolf Müller-Born zeigte Hadert ebenso die kalte Schulter, wie er das bereits bei der ähnlich gelagerten Anfrage des Zeitschriftenverlags „Berliner Union" getan hatte. Die Verbandsführung lehnte jedwede Form der Öffentlichkeitsarbeit ab. Im Falle der „adhäsion" sah man nach den ersten Ausgaben des Jahres 1957 die anfängliche Skepsis vollauf bestätigt. Vor allem veröffentlichte Klebstoffrezepturen wertete die Verbandsführung als problematisch für die Wahrung von Betriebsgeheimnissen. Ausdrücklich beschloss man auf den Mitgliederversammlungen der Jahre 1956 und 1957, dass die Verbandsmitglieder auf gar keinen Fall Anzeigen schalten sollten.

Eine solches gentlemen's agreement setzt natürlich voraus, dass alle Ehrenmänner sich daran halten. Groß war daher die Empörung, als aufmerksame Leser der „adhäsion" in den Jahrgängen 1961 und 1962 Werbeannoncen einiger

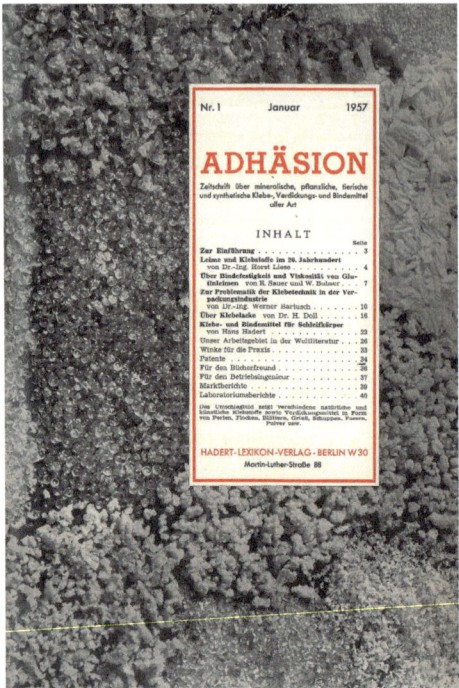

Abb. 34: Erste Ausgabe der Fachzeitschrift „adhäsion" 1957 (Springer Fachmedien Wiesbaden GmbH).

Verbandsmitglieder entdeckten. Noch größer war die Empörung, als sich herausstellte, dass auch der Branchenführer Henkel zu den „schwarzen Schafen" zählte. Daraufhin im Vorstand zu Rede gestellt, gab sich der Vorsitzende Müller-Born zerknirscht und schuldbewusst.

Um die nun einigermaßen verwirrende und auch peinliche Lage zu entschärfen, überdachte der Vorstand seine grundsätzlich ablehnende Position gegenüber der „adhäsion". Ende 1962 zog er sogar eine Kooperation in Betracht. Für diesen Sinneswandel gaben mehrere Gründe den Ausschlag: Zum einen bot die Fachzeitschrift mit einer Auflage von 3.000 Exemplaren, von denen 55 % im Ausland verkauft wurden, durchaus dem Fachverband interessante Perspektiven. Zum anderen spielte die Überlegung eine Rolle, durch eine Zusammenarbeit die konkurrierenden Fachverbände der Haut- und Knochenleimindustrie außen vor zu halten. Und schließlich erleichterte das altersbedingte Ausscheiden von Herausgeber und Chefredakteur Hans Hadert die beiderseitige Annäherung.

Mit dem neuen Eigentümer Ullstein-Verlag kam der Fachverband rasch ins Geschäft. Nun fasste man sogar ins Auge, die Schriftleitung dem vormaligen Vorsitzenden Max Schumacher zu übertragen. Allein sein früher Tod durchkreuzte diesen Plan. Gleichwohl schloss am 31.1.1964 der Fachverband mit dem Ullstein-Verlag einen Vertrag über die Zusammenarbeit bezüglich der „adhäsion". Künftig sollte Dietrich Fabricius als Außenmitarbeiter der Redaktion Informationen aus dem eigenen Beritt liefern: Termine, verbandsbezogene Nachrichten und Marktberichte. 1965 stellte der Fachverband der Redaktion zudem vereidigte Sachverständige an die Seite. Im Gegenzug legte die Redaktion Artikel zum Gegenlesen und zur fachlichen Stellungnahme der Geschäftsführung vor. Außerdem gewährte sie Einblicke in die längerfristigen redaktionellen Planungen. Ausdrücklich versicherte der Chefredakteur, dass keine Klebstoffrezepturen veröffentlicht würden.

Auch wenn die Zusammenarbeit immer wieder Anlass zur Verärgerung bot, blieb sie doch von Dauer. Seit April 1967 vermerkte der Zeitschriftentitel den Zusatz „Unter redaktioneller Zusammenarbeit mit dem Fachverband Leime und Klebstoffe e. V., Düsseldorf".

Kooperationen mit der Wissenschaft

Die Situation der Hochschulen und Forschungseinrichtungen in der Bundesrepublik Deutschland erwies sich aufgrund der Kriegsschäden und der Mangelwirtschaft in den Nachkriegsjahren als „erschütternd". Forschungsintensive Branchen wie die chemische Industrie mussten sich angesichts einer solchen Lage nicht nur um die Ausbildung hinreichend qualifizierter, sondern auch zahlenmäßig ausreichender Nachwuchsfachkräfte Sorgen machen. Auf mittlere Sicht stand daher die internationale Konkurrenzfähigkeit auf dem Spiel. Der Fachverband hatte bereits 1948, also noch vor Gründung der Bundesrepublik, in einer Vorstandssitzung über diese Problematik diskutiert.

Überlegungen dieser Art veranlassten führende Vertreter der chemischen Industrie, einen „Industriefonds" ins Leben zu rufen. Auch der Fachverband Leime und Klebstoffe beteiligte sich daran. Schließlich zeichnete sich bereits

damals ab, dass mehr und mehr synthetische Spezialklebstoffe benötigt würden, um die immer vielfältigeren Ansprüche der industriellen Nachfrage zu bedienen. Und hierfür waren umfangreiche Forschungen erforderlich.

Im Frühjahr 1949 hatte VCI-Präsident Wilhelm-Alexander Menne einen Vorschlag dahingehend unterbreitet, dass jede Firma monatlich 0,10 DM pro Mitarbeiter in einen gemeinsamen Fördertopf einzahlen sollte. Die Gründungsversammlung für den „Fonds der Chemischen Industrie zur Förderung von Forschung, Wissenschaft und Lehre" fand am 24.2.1950 auf Schloss Burg an der Wupper statt. Die Anwesenheit von Bundespräsident Theodor Heuss unterstrich die Bedeutung dieser Initiative. Die Verantwortlichen strebten an, Forschungsvorhaben in Höhe von 1,5 Mio. DM pro Jahr zu finanzieren. Die Projekte sollten ausdrücklich nicht an Firmen oder bestimmte Zwecke gebunden sein. Auf diese Weise wollte man verhindern, dass einzelne Unternehmen aus einer solidarischen Forschungsstrategie ungebührlichen Vorteil ziehen könnten. Der Fonds konnte rasch Erfolge verzeichnen. Bereits im Jahre 1952 zahlte er 500.000 DM an insgesamt 106 Hochschullehrer aus.

Daneben entwickelte der Fachverband Leime und Klebstoffe eigene Initiativen. Beispielsweise informierte eine Kunststofftagung 1951 über die damals noch wenig gebräuchliche Technik des Kunststoffklebens. Die 3. Auflage des traditionsreichen Standardwerks „Ullmanns Enzyklopädie der technischen Chemie" unterstützte der Fachverband 1956 durch die Benennung geeigneter Autoren aus den eigenen Reihen.

In späteren Jahren bot die Technische Akademie Esslingen Fortbildungs- und Fachkurse über Metall- und Kunststoffklebstoffe an. Für den Kurs am 6./7.10.1960 hielten Vertreter der Klebstoffchemie fünf Vorträge vor rund 130 Teilnehmern. Dabei handelte es sich vornehmlich um Ingenieure und Kaufleute, die eigentliche Zielgruppe der Verbraucher wurde kaum erreicht. Ärger kam auf, weil entgegen der ursprünglichen Vereinbarung einige Referenten ihre Vorträge durch Werbung für das eigene Unternehmen „bereicherten".

Schon im Vorjahr hatte die Schweizer Firma Ciba einen Kurs über Metallkleben genutzt, um gleich auch auf die Qualität der eigenen Produkte hinzuweisen. Damals wandte sich der Fachverband an den Leiter der Technischen Akademie, Prof. Dr. Kögler, mit der Bitte, künftig ein solches Handeln zu

HAUS DER TECHNIK E. V. ESSEN
Außeninstitut der Rhein.-Westf. Techn. Hochschule Aachen

Einladung zur Vortragsveranstaltung

„Klebstoffprobleme"

Dienstag, 22. März 1955, von 14.30 – 18.00 Uhr

im Haus der Technik, Essen, Hollestraße 1, Hörsaal A
(gegenüber dem Hauptbahnhof Essen)

Gemeinsam mit

Fachverband Leime und Klebstoffe e.V., Düsseldorf

Auskunft in der Geschäftsführung des Hauses der Technik, Essen, Fernruf 32751

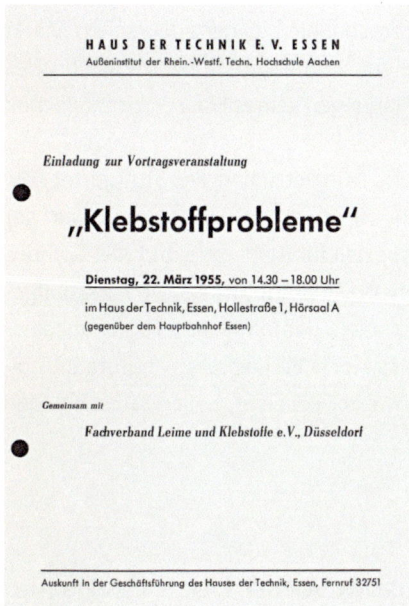

Abb. 35: Ankündigung eines Fachvortrags über „Klebstoffprobleme", 22.3.1955 (IVK-Archiv, Düsseldorf).

Technische Akademie
Veranstaltungsort:
Eßlingen am Neckar, Friedrich-Ebert-Schule, Plochinger Straße 41

Einladung zum Kursus 3930

Probleme der Verklebung von Kunststoffen aller Art

Donnerstag, 6. und Freitag, 7. Oktober 1960
täglich von 9 bis 12 und 14.30 bis 17 Uhr

Es sprechen:

Dr. Johannes Eckell, Pirmasens
Dr. Otto Jordan, München
Dr. Rudolf Köhler, Düsseldorf
Dr. Kurt Riecke, Heidelberg
Dipl.-Chem. Herbert Schmedding, Hannover

Veranstaltung der Technischen Akademie mit Förderung des Fachverbandes Leime und Klebstoffe e. V., Düsseldorf, der Industrie- und Handelskammer Eßlingen am Neckar und der Stadt Eßlingen am Neckar

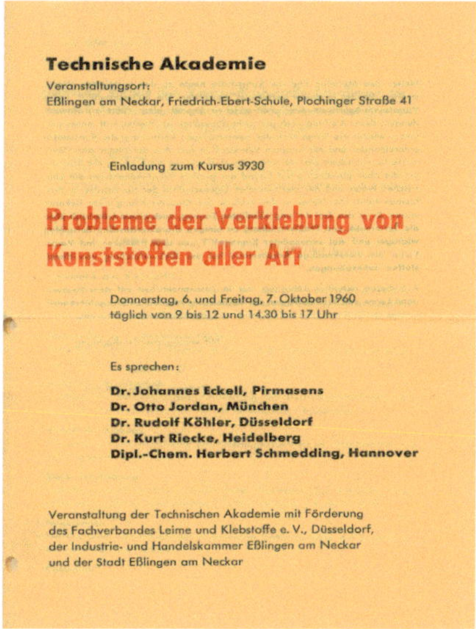

Abb. 36: Ankündigung für eine Fachveranstaltung zur Klebtechnik am 6./7.10.1960 (IVK-Archiv, Düsseldorf).

unterbinden. Ausländische Anbieter sollten ohnehin aus dem deutschen Markt heraus gehalten werden. Prof. Kögler zeigte Verständnis für die Position des Fachverbandes und wies seinerseits auf Planungen seines Hauses zu möglichen Seminaren über Klebtechniken hin.

Im Jahr 1970 entschied der Vorstand, die Mitgliedschaft des Stuttgarter Forschungsinstituts für Pigmente und Lacke zu erwerben. Hintergrund war der Wunsch nach einem Forschungsinstitut speziell für Klebstoffe und Klebtechnik. Weitere Kooperationen bestanden mit dem in Karlsruhe ansässigen Forschungsinstitut für Holzwerkstoffe und Holzleime sowie dem Prüf- und Forschungsinstitut für die Schuhherstellung in Primasens. Auch Verpackungsinstitute im niederländischen Delft, in Minden und im schweizerischen St. Gallen zählten zu den forschungsorientierten Partnern.

V.5   Es führt kein Weg an Europa vorbei: Der Fachverband und die Gründung der FEICA (1972)

Anfängliche Skepsis

Eigentlich barg die Entwicklung hin zu einem integrierten westeuropäischen Markt für die bundesdeutsche Klebstoffindustrie mehr Chancen als Risiken. Aufgrund ihrer Leistungsfähigkeit in den verschiedensten Sparten der Klebstoffherstellung war zu erwarten, dass der leichtere Marktzugang in die Partnerländer erfreuliche ökonomische Perspektiven erschließen würde. Denn die bundesdeutsche Klebstoffindustrie war innerhalb Europas zweifelsohne die leistungsfähigste. Die Exportquote der chemischen Industrie lag 1957 mit 22,9 % deutlich über dem Durchschnittswert der gesamten Industrie von 15,2 %.

Trotzdem positionierte sich der Fachverband Leime und Klebstoffe e. V. erstaunlich lange skeptisch gegenüber dem Projekt. Noch auf der Mitgliederversammlung 1956 wetterte der Verbandsvorsitzende Adolf Müller-Born gegen den Europakurs der Regierung Adenauer, die auf dem „Altar der Integration" deutsche Interessen opfern würde. „Grundsätzlich ist hier nur festzustellen, dass das Bundeswirtschaftsministerium in seiner allgemeinen Tendenz, durch deutsche Vorleistungen die Bildung eines großen europäischen Wirtschaftsraumes zu beschleunigen, zweifellos zu weit geht und dabei oftmals die Interessen der deutschen Wirtschaft nicht genügend wahrt." Damit traf der Vorstand den grundlegenden Tenor, der in den Unternehmerverbänden bis hinauf zum BDI zu vernehmen war. Die EWG war kein „Wunschkind" der bundesdeutschen Wirtschaft. Sie hätte sich mit einer großzügiger bemessenen Freihandelszone, etwa im Umfange der heutigen OECD-Staaten, eher angefreundet.

Erste Schritte auf dem europäischen Parkett

Der Sinneswandel setzte ein, nachdem das ungeliebte Baby „EWG" 1957 das Licht der Welt erblickt hatte. Die politischen Signale standen auf Integration und dem Fachverband blieb nichts anderes übrig, als das Beste aus der Situation zu machen. Noch im selben Jahr fasste der Vorstand den Beschluss, die Abstimmung mit den Partnerverbänden in den anderen Mitgliedsländern zu suchen. Denn Brüssel machte unmissverständlich klar, dass es wirtschafts- und industriepolitische Kompetenzen peu à peu an sich ziehen würde. Außerdem würden künftig nur europäische Verbände dort als Interessenvertretung Gehör finden. „Schon aus diesem Grunde war die Gründung des Europäischen Klebstoffverbandes eine zwingende Notwendigkeit", so Geschäftsführer Fabricius rückschauend im Jahr 1973.

Bereits 1957 trafen sich Westeuropas Hersteller von Pflanzenleimen auf einer ersten internationalen Tagung. Man verständigte sich darauf, eine derartige Veranstaltung alle zwei Jahre abzuhalten. Folglich kam man am 10.12.1959 erneut zusammen, dieses Mal in Paris. Als ersten Arbeitsschritt beschlossen die Teilnehmer, die Markt- und Wettbewerbsbedingungen in den einzelnen EWG-Ländern für Pflanzenleime zu sondieren, um gegebenenfalls auf einheitlichere Verhältnisse hinzuwirken. Die 3. internationale Tagung am 23.3.1961 in Königswinter bei Bonn nutzten insbesondere die Franzosen unter Leitung von Albert Heitz, um auf die Gründung eines internationalen Verbandes der Hersteller von

Pflanzenleimen zu drängen. Adolf Müller-Born indes gab sich zurückhaltend gegenüber dieser als übereilt empfundenen Initiative.

Parallel zu den Initiativen der Pflanzenleimhersteller nahmen auch einer der französischen Klebstoffverbände und der deutsche Fachverband Kontakt auf. Am 21.10.1959 sprach Generaldirektor Mulliez von der französischen Firma Fa. Colles de l'Arbrisseau gemeinsam mit Herrn Hurviez bei Alfred Hoffmann und Adolf Müller vor. Hierbei ging es um Planungen über einen internationalen Verband sowie um die Einrichtung eines Verbindungsbüro der Hersteller pflanzlicher und synthetischer Leime und Klebstoffe der Länder der EWG. Das Projekt dümpelte lange Jahre vor sich hin. Erst nachdem am 26.4.1965 sich die europäischen Pflanzenleimhersteller in Cannes auf die Gründung eines „Verbindungsbüros der Pflanzenleimhersteller der EWG" mit Sitz in Brüssel verständigt hatten, nahm Müller-Born die Sache wieder in die Hand und ging in die Offensive.

Nur ein loser Verbund: Das Verbindungsbüro der Hersteller pflanzlicher und synthetischer Leime und Klebstoffe der Länder der EWG (1967 – 1972)

Der Fachverband Leime und Klebstoffe e. V. lud die Partnerverbände der sechs EWG-Staaten zu einer Tagung am 21./22.9.1967 nach Berlin ein. Auf dieser Tagung gründeten die Beteiligten ein „Verbindungsbüro der Hersteller pflanzlicher und synthetischer Leime und Klebstoffe der Länder der EWG" mit Sitz in Düsseldorf. Die Gründung korrelierte zeitlich mit dem Wegfall der Zollschranken in der EWG zum 1.1.1968 und ihrer Umwandlung in die Europäische Gemeinschaft (EG).

Es handelte sich um eine lose Kooperation von Fachverbänden aus Frankreich, Italien, Belgien, den Niederlanden und Deutschland. Ein Statut gab es nicht, auch wurden keine Beiträge erhoben. Das Verbindungsbüro sollte als Interessenvertretung der europäischen Klebstoffindustrie im künftigen Machtzentrum Brüssel fungieren.

Erkennbar war die Tendenz zur organisatorischen Professionalisierung. So wählten die Mitglieder auf der Generalversammlung im Oktober 1969 erstmals mit dem Franzosen Bory einen Präsidenten für die Amtszeit von einem Jahr. Borys „überraschender und vergeblicher Versuch", seine Amtszeit eigenmächtig zu verlängern, zeigte indes, dass sein Durchsetzungswille größer als sein Durchsetzungsvermögen war. Auf der Generalversammlung im September 1970 in Paris wählten die Delegierten mit J. H. Cramer (Fa. Delft National) einen Niederländer zum Präsidenten.

Auf sämtlichen europäischen Treffen stellte der Fachverband Leime und Klebstoffe mit sieben Personen die größten Delegationen und unterstrich damit, dass er eine prominente Rolle auf europäischer Ebene zu spielen gedachte. Eine ganze Reihe von Themen stand auf der Agenda:

- Vergleich der Liefer- und Zahlungsbedingungen in den EG-Staaten
- Rohstofffragen
- Europäische Agrarmarktordnung
- Transport gefährlicher Güter
- Kennzeichnung gefährlicher Güter
- Harmonisierung der Lösemittelverordnungen
- Prüfrichtlinien und Normen für Klebstoffe
- Begrenzung der Gewährleistung

Des Weiteren erarbeitete die europäische TK Holzklebstoffe ein Lexikon, in dem Begriffe aus der Klebstoffverarbeitung in englischer, deutscher, französischer, italienischer und niederländischer Sprache nebeneinander aufgeführt und erläutert wurden. Die europäische TK Schuhklebstoffe verabschiedete in Zusammenarbeit mit Vertretern der Schuh- und Ledererzeugung verbindliche Prüfmethoden für Schuhklebstoffe.

Die Gründung der FEICA am 14.11.1972

Der Vorstand des deutschen Fachverbandes erklärte auf der Vorstandssitzung am 15.10.1971, dass die europäische Zusammenarbeit mit allen Mitteln gefördert

werden sollte. Einstimmig befürwortete er die Gründung eines europäischen Klebstoffverbandes, zumal deutlich wurde, dass die Brüsseler Kommission nicht mit nationalen Fachverbänden kooperieren würde. Eine Kommission wurde mit der Ausarbeitung einer Verbandssatzung eingesetzt, die Gründung plante man für das Frühjahr 1972. Mittlerweile wusste der Vorsitzende Westphal auch von Gesprächen mit den Kollegen Heitz und Glaubert zu berichten, nach denen die Franzosen ihren lähmenden Verbändezwist beilegen und für die europäische Sache eintreten würden.

Die Gründungsversammlung der Fédération Européenne des Industries de Colles et Adhésifs (FEICA), zu Deutsch: Verband der Europäischen Klebstoffhersteller (VEK), ging am 14.11.1972 in Rom über die Bühne. Mit der Ortswahl erwies man der Europäischen Gemeinschaft und den Römischen Verträgen die gebührende Referenz. Erst auf der Präsidiumssitzung am 20.3.1973 verständigten sich die Anwesenden auf die offizielle Abkürzung FEICA und VEK. Das Logo greift erkennbar die Symbolik des Europarats auf, der allerdings einen gelben Sternenkreis auf dunkelblauem Hintergrund aufwies. Damit deutete die FEICA an, dass sie ihre potentiellen Mitgliedsverbände keineswegs nur in den damals sechs bzw. neun Staaten der EWG verortete, sondern prinzipiell für alle nationalen Fachorganisationen in Europa offen stand.

Zum ersten Präsidenten wählten die Versammlung W. de Kesel, den Vorsitzenden des belgischen Klebstoffverbandes, Inhaber der Fa. Rectavit in Drongen bei Gent. Als Vizepräsident amtierte Westphal, zum Ehrenpräsident wählte die Vollversammlung den Franzosen Albert Heitz.

Die FEICA verfügte als oberstes Organ über eine einmal im Jahr tagende Vollversammlung, zu der Delegierte der einzelnen Mitgliederverbände eingeladen wurden. Jedes Mitgliedsland hatte – entsprechend der EWG – die gleiche Stimmzahl. Das Präsidium setzte sich aus den Präsidenten der Mitgliedsverbände zusammen.

Die Fachverbände von Belgien, Deutschland, Frankreich, Italien, Niederlande, Österreich, Schweiz, Spanien stellten die Gründungsmitglieder. Verhandlungen mit weiteren Verbänden liefen bereits.

Abb. 37: FEICA-Logo, 1972 (www.feica.com).

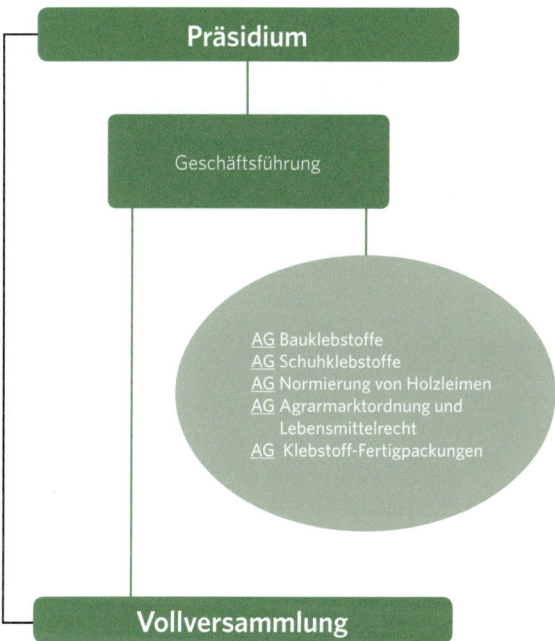

Abb. 38: Organigramm der FEICA, 1972.

Industrieverband Klebstoffe e.V.

VI ZWISCHEN ÖLPREISSCHOCK UND DEUTSCHER EINHEIT: DER FACHVERBAND KLEBSTOFFINDUSTRIE E. V. WÄHREND DER JAHRE 1973 BIS 1992

VI.1 DAS WIRTSCHAFTLICHE, POLITISCHE UND GESELLSCHAFTLICHE UMFELD

EINE WELTWIRTSCHAFTLICHE BAUCHLANDUNG

Am Sonntag, den 25.11.1973, boten die Bundesautobahnen vielerorts ein verblüffendes Bild. Fußgänger und Radler bevölkerten die sonst so dicht befahrenen und lauten Trassen, auf anderen Streckenabschnitten hingegen war weit und breit kein Auto zu sehen. Das Bild von den leeren Autobahnen hat sich unvergesslich ins kollektive Gedächtnis eingebrannt. Verantwortlich für diese kuriose Szenerie zeichnete die sozialliberale Bundesregierung unter Kanzler Willy Brandt. Sie reagierte mit dem für vier Sonntage geltenden Fahrverbot auf einen befürchteten Versorgungsengpass bei Mineralöl und Benzin.

Die Sorge vor einer allgemeinen Benzinknappheit schien keineswegs abwegig. Schließlich war am 6.10.1973 die seit Jahren schwelende Nahost-Krise aufgrund des Jom-Kippur-Krieges zwischen Israel und seinen arabischen Nachbarn erneut eskaliert. Infolgedessen schossen binnen weniger Monate die Weltrohölpreise um sage und schreibe 400 % durch die Decke. Zudem schürten arabische Drohungen gegenüber dem Westen, den Ölhahn gänzlich abzudrehen, die Furcht vor einem Versiegen des schwarzen Goldes.

Mit dem Sonntagsfahrverbot praktizierte die Bundesregierung klassische Symbolpolitik. Sie wollte ihre Handlungsfähigkeit demonstrieren, ohne das eigentliche Problem aus der Welt schaffen zu können: die Abhängigkeit der deutschen

Wirtschaft von den ölexportierenden, vornehmlich arabischen Staaten. Ernüchtert stellte daher der Vorstand des Fachverbandes Klebstoffindustrie 1974 fest, dass „die Zeit unbeschränkten Massenangebots billiger Erdölfolgeprodukte" abgelaufen sein dürfte. Eine Branche, die in jenen Jahren rund 80 % ihrer Produkte aus Mineralölderivaten generierte, sah die eigene Zukunft in düsteren Farben.

Zwar wurde das Öl zu keiner Zeit wirklich knapp, aber doch sehr teuer. In diesem Punkt schienen die Skeptiker Recht zu behalten. Als eine Folge brach 1974/75 die Weltwirtschaft um mehr als 6 % ein, und die exportlastige bundesdeutsche Volkswirtschaft tat es ihr gleich. Sämtliche Indikatoren wiesen in die unerwünschte Richtung: Arbeitslosenquote, Inflationsrate, Staatsschuldenquote und Staatsquote kletterten nach oben, das Wirtschaftswachstum kippte nach unten weg. Selbst die Ikonen des deutschen Wirtschaftswunders schlechthin, Volkswagen und sein Käfer, kämpften um ihr Überleben.

Schlaflose Nächte bereitete den Experten das Gespenst der „Stagflation". Es bezeichnete die unheilige Allianz von volkswirtschaftlicher Stagnation und Inflation. Allzu offenkundig stieß das keynesianische Rezept einer antizyklischen Konjunkturpolitik an seine Grenzen, darüber vermochten auch Euphemismen wie jener vom „Nullwachstum" nicht hinwegzutäuschen. Nach einer kurzen Zwischenerholung vereinten sich ökonomische Ratlosigkeit und außenwirtschaftliche Krisenmomente abermals, als 1979 im Iran die Islamische Republik unter Ayatollah Khomeini gegründet wurde. In der Folge kam es zur zweiten Ölkrise mit entsprechendem Preisanstieg. Eine neuerliche Rezession erfasste die Bundesrepublik 1981/82. Sie trug maßgeblich zum Ende der sozialliberalen Koalition unter Bundeskanzler Helmut Schmidt und zum Beginn der liberal-konservativen Ära Helmut Kohls im Jahr 1982 bei. Etwas überraschend nahm während der Folgejahre die Weltwirtschaft wieder Fahrt auf, begünstigt durch sinkende Mineralölpreise und die neoliberale Kehrtwende in den USA und Großbritannien.

Die Klebstoffindustrie, „Seismograph für die allgemeine Konjunktur", vollzog diese Wellenbewegungen als „Spätindikator" mit einer gewissen Verzögerung zwar nach, entwickelte sich generell jedoch positiver als die bundesdeutsche Volkswirtschaft im Ganzen.

Abb. 39: Das Bild hat sich ins kollektive Gedächtnis der westdeutschen Gesellschaft eingebrannt: Leere Autobahnen, 25.11.1973 (BPA Bild 145-00010988 / Detlef Gräfingholt).

„CRISIS, WHAT CRISIS?" – DIE KLEBSTOFFBRANCHE IN TURBULENTEN ZEITEN

Bekanntlich soll man den Boten für die zu überbringenden schlechten Nachrichten nicht prügeln, und vermutlich war das dem Verbandsvorsitzenden Werner Westphal auf der Mitgliederversammlung 1975 sehr recht. Denn er kam nicht umhin, ein „schwärzeres Bild als je zuvor" von der Lage zu zeichnen, in der sich die deutsche Klebstoffbranche befände. Die Kosten bei Erdölderivaten und Löhnen liefen aus dem Ruder. Kombiniert mit der wegbrechenden Nachfrage drückten sie die durchschnittliche Kapazitätsauslastung der Produktionsanlagen von 82 % auf unter 50 %. Die wichtigsten Abnehmer – Bauwirtschaft, Papier- und Verpackungsindustrie, Automobil-, Schuh- sowie Möbelhersteller – würden

derzeit ihre im Vorjahr gehorteten Klebstoffvorräte abbauen und deshalb nur sehr zurückhaltend neue Kontingente ordern. Nicht einmal der bislang so verlässliche Export taugte als Rettungsanker, war er doch um satte 20 % eingebrochen. Einzig der Heimwerker-Sektor vermochte sich bislang dem Abwärtstrend zu entziehen, schilderte der Vorsitzende die bedenkliche Marktsituation. In der Konsequenz meldeten über 70 Klebstoffhersteller mit ca. 10.000 Beschäftigten Kurzarbeit an. Die Rezession hatte nach Auffassung von Werner Westphal die Branche „mit voller Wucht" erfasst. Als einzigen Ausweg erkannte er eine konsequent fortgesetzte Rationalisierung der Produktion.

Indes, der Pessimismus währte nicht lange. Bereits im VCI-Jahresbericht für 1976 verkündete der Fachverband erfreut, dass die Produktionsdelle der beiden vorangegangenen Jahre ausgebeult werden konnte. Vor allem die anziehende Automobilkonjunktur sorgte für eine hohe Nachfrage, aber auch die Papier- und Verpackungsindustrie sowie die Kunststoffindustrie orderten wieder größere Mengen Klebstoffe. Die zweite Ölkrise 1978/79 und die anschließende Rezession bis 1982 bereiteten den mittlerweile krisenerprobten Verantwortlichen kaum noch Kopfzerbrechen.

Zu Recht, denn fortan sollte der Konjunkturpfad stetig aufwärts führen. In dem bis dato „besten Jahr der Klebstoffgeschichte" 1987, so der mittlerweile amtierende Vorsitzende Dr. Johannes Dahs, nahm die deutsche Klebstoffindustrie mit einer Jahresproduktion von 350.000 t und einem Umsatz von 1,5 Mrd. DM Rang drei hinter den USA und hinter Japan ein. In Europa war sie unangefochtene Spitzenreiterin. Dabei hatte sich der Trend zu höherwertigen Klebstoffen in allen Sparten durchgesetzt und positiv auf die Profitmarge ausgewirkt. Nach Vollendung der deutschen Einheit erwirtschafteten die ca. 100 Hersteller einen Umsatz in Höhe von rund 2,5 Mrd. DM, was ungefähr 10 % des weltweiten Umsatzes entsprach.

Tab. 10: Übersicht über den Weltklebstoffmarkt, 1991.

Region	Umsatz (Mrd. DM)	Weltmarktanteil (%)
USA	10	40
Europa	8,75	35
Japan	2,5	10
Sonstige	3,75	15
Gesamt	25	100

Tab. 11: Übersicht über den Klebstoffumsatz in Europa, 1991.

Europa	Umsatz (Mrd. DM)
Deutschland	2,5
Frankreich	1,6
Großbritannien	1,5
Italien	1,2
Spanien	0,6
Belgien, Niederlande, Luxemburg	0,6
Sonstige	0,75
Gesamt	8.75

Die erfreuliche Gesamtentwicklung beruhte nicht zuletzt auf der anhaltend hohen Innovationsdynamik. So lobte VCI-Präsident Dr. Karl Wamsler die Klebstoffbranche in seinem Grußwort anlässlich des 25-jährigen Jubiläums der Zeitschrift „adhäsion" 1981 als „gewiss einen der vitalsten und interessantesten Fachzweige der chemischen Industrie", als eine „progressive und zukunftsträchtige Sparte", die mit „immer neuen, immer besseren, immer leistungsfähigeren Erzeugnissen" aufwarte.

Auch wenn nicht jedes der in Festreden geäußerten Worte auf die Goldwaage gelegt werden sollte, sprach Dr. Wamsler einen zutreffenden Punkt an: neue und leistungsfähigere Produkte. Beispielsweise führte die Entdeckung erster temperaturfester Polyimid-Klebstoffe und feuchtigkeitshärtender Polyurethane in den 1970er Jahren zur Weiterentwicklung der Polyurethan-Chemie mit 1- und 2-Komponentenklebstoffen. Des Weiteren ergänzten UV-lichthärtende

Acrylat-Formulierungen und die Entwicklung von MS-Polymeren das Angebotsspektrum. In den 1980er Jahren kamen reaktive Schmelzklebstoffe und anisotrop leitfähige Klebstoffe auf den Markt.

Tab. 12: Meilensteine (Auswahl) der Klebtechnik seit den 1970er Jahren.

Zeit	Befund
1980	Post-it-Haftnotizen, 3M Reaktive Schmelzklebstoffe erstmals auf dem Markt
1984	Entwicklung anisotrop leitfähiger Klebstoffe
1988	Entwicklung hochfester Klebstoffe zum Kleben beölter Stahlbleche (Automobilbau)
1990	Entwicklung von Klebstoffen mit multiplen Härtungsmechanismen

Angesichts solcher Erfolge erklärte ein selbstbewusster Fachverbandsvorsitzender Dr. Dahs am 29.8.1990 gegenüber der Zeitschrift „Konstruktion und Elektronik", dass auch künftig die Klebtechnik andere Verbundtechniken substituieren würde. Mit Blick auf den Interviewpartner betonte er, dass gerade im Bereich der boomenden Elektronik das Kleben auf dem Vormarsch wäre. Weitere vielversprechende Entwicklungen erkannte Dr. Dahs im Fahrzeugbau, bei der Motorenfertigung und bei Verbundfolien. So würden Klebstoffe das Punktschweißen im Karosseriebau verdrängen, Heck- und Frontscheiben könnten leichter, aber dennoch stabiler befestigt werden, und auch die Motoraufhängungen wiesen an neuralgischen Punkten Klebverbindungen auf. Kleben heißt Gewicht sparen, heißt Energie sparen!

Visionäre mögen bereits in den 1980er Jahren ein weiteres zukunftsträchtiges Feld für die Klebtechnik erkannt haben: die Mikroelektronik. Zwar steckte die digitale Revolution mit Blick auf die Datenverarbeitung und Kommunikation damals noch in ihren Kinderschuhen, aber am Horizont zeichnete sich bereits ein interessanter Absatzmarkt ab. Mit fortschreitender Miniaturisierung würde das konkurrierende Lötverfahren gegenüber der Klebtechnik wohl über Kurz oder Lang an Boden verlieren.

Ein bürokratisches Ärgernis: Das „Gestrüpp nationaler Regeln"

In der jungen Bundesrepublik hatten grundlegende ordnungspolitische Weichenstellungen den Fachverband beschäftigt. Zwanzig Jahre später galt es, dem wuchernden „Gestrüpp nationaler Regeln", wie Geschäftsführer Fabricius 1973 die bürokratischen Auswüchse in der Wirtschaftspolitik bezeichnete, Einhalt zu gebieten und es nach Kräften zu lichten. Ob bei der „lähmenden Mitbestimmungsregelung", „kleinlichen Kartellamtspraxis" oder „übertriebenen Umwelthysterie", stets brachten Vorstand und Geschäftsführung die Anliegen der Klebstoffbranche gegenüber Behörden und Öffentlichkeit unmissverständlich zum Ausdruck. Vor allem im Bereich des Umweltschutzes, der als neues Politikfeld die öffentliche Debatte jener Zeit maßgeblich prägte, sah sich der Fachverband herausgefordert. Allein im Jahr 1975 standen mit Novellen beim Abwasser- und Immissionsgesetz sowie bei der Verordnung über gefährliche Arbeitsstoffe drei zentrale Vorhaben auf der Agenda.

Um nun seine Positionen auf oberster Ebene optimal vertreten zu können, reichte der Fachverband 1973 seine Akkreditierung beim Deutschen Bundestag ein. Sie erfolgte bewusst separat von jener des VCI. Denn nur so schien gewährleistet, dass die Bundestagsverwaltung einschlägige Anfragen von Abgeordneten direkt an die Geschäftsführung nach Düsseldorf übermitteln würde – et vice versa.

Generell wehte in den 1970er Jahren den Unternehmerverbänden ein deutlich rauerer Wind ins Gesicht, als sie das bislang gewohnt waren. Die massive Rezession, die bisweilen alarmistische Umweltdebatte und eine recht distanzierte sozialliberale Regierung sorgten für manch harsche Kritik. Auch wenn der Fachverband Klebstoffindustrie – satzungsgemäß – parteipolitische Zurückhaltung an den Tag legte, verwahrte er sich doch gegen eine öffentliche Stimmungslage, die Geldverdienen als „unsittlich" brandmarkte. Indirekt machte er die sozialdemokratische Regierung dafür mitverantwortlich. Sie müsste das Unternehmerbild durch klare Bekenntnisse zum Mittelstand aufwerten. Dazu gehöre auch eine „vernünftige" Vermögenssteuer, forderte Werner Westphal.

Diskret, aber vernehmlich begrüßte der Vorstand den Wechsel im Kanzleramt Ende 1982. Die zu erwartende Steuerentlastung der Unternehmen, die angekündigten Einschnitte bei den Sozialleistungen und die künftige Zurückhaltung

bei Auflagen bezüglich Umwelt-, Gesundheits- und Verbraucherschutz verbesserten aus Sicht des Verbandes die wirtschaftlichen Rahmenbedingungen grundlegend. Die Hoffnungen trogen nicht. So vermerkte Dr. Dahs auf der Mitgliederversammlung 1984 erleichtert, dass „die Verteufelung des Gewinnstrebens" aufgehört hätte.

GESELLSCHAFTLICHE VERÄNDERUNG: ÖKO-BEWEGUNG UND UMWELTDEBATTE

Sie hatte sich bereits in den 1960er angekündigt und wuchs nun zu einer breiten gesellschaftlichen Strömung heran: die Öko-Bewegung. Medienwirksam griff sie tatsächliche oder vermeintliche Missstände auf und trug ihren Protest über die Jahre hinweg von der Straße in die Parlamente. 1979 zogen die Grünen erstmals in die bremische Bürgerschaft ein, vier Jahre später bereiteten sie schließlich im Deutschen Bundestag den etablierten Parteien etliche Mühen.

Ob er wollte oder nicht, der Fachverband Klebstoffindustrie musste sich auf eine veränderte öffentliche Meinung einstellen. Tatsächlich häuften sich die kritischen Fragen an Klebstoffe und ihre Hersteller. Angestoßen von der US-amerikanischen Verbraucherschutzorganisation Consumer Safety Commission kamen 1973 Cyanoacrylat-Klebstoffe ins Gerede – ausgerechnet wegen ihrer überragenden Qualität. Kolportiert wurden nämlich Fälle, bei denen Bastler unvorsichtigerweise ihre Finger zusammen geklebt hätten. Diskussionen um Geruchsbelästigung bei der Verarbeitung von Hotmelt-Klebstoffen und daraus möglicherweise resultierenden Gesundheitsgefährdungen am Arbeitsplatz beschäftigte die Branche um 1978, wenige Jahre später beanstandeten Bundesgesundheits- und Bundesumweltamt Schwermetalle bzw. Asbest in Klebstoffen.

Die gesellschaftlich wie medial sicherlich schwerwiegendste Herausforderung für den Fachverband stellte die unter Jugendlichen praktizierte Unsitte des „Schnüffelns" an lösungsmittelhaltigen Klebstoffen dar. Seit Längerem hatte die Geschäftsführung das Phänomen aufmerksam verfolgt, aber nur sehr zurückhaltend kommentiert. Während der Jahre 1983/84 wuchs sich dieses Thema fast zu einer Medienkampagne aus und bereitete der Verbandsführung erhebliches

Kopfzerbrechen. BILD, stets auf der Suche nach einer auflagensteigernden Schlagzeile, widmete am 11.3.1984 der Modeerscheinung einen Artikel. Offenkundig blieb sie bei der Berichterstattung ihrem hinlänglich bekannten Stil treu. Denn auf den als anstößig empfundenen Artikel reagierte Geschäftsführer Fabricius – das erste und bislang einzige Mal – mit einem formellen Protest beim Deutschen Presserat. Allerdings waren die obersten Wächter medialer Selbstkontrolle so sehr mit sich selbst beschäftigt, dass sie den Protest erst nach zwei Jahren beantworteten. Zwischenzeitlich hatten sich die Wogen öffentlicher Erregung über das „glue sniffing" geglättet, weshalb der Fachverband die Sache und den Protest auf sich beruhen ließen.

Aus all den kritischen, sich häufenden Einwürfen zogen Vorstand und Geschäftsführung zwei wichtige, weil zukunftsweisende Schlüsse:

1. *Es bedarf einer proaktiven PR-Arbeit:* Die bisherige Strategie des Schweigens, des bloßen Reagierens oder vehementen Zurückweisens aller Vorwürfe gegen Klebstoffe bzw. die Klebstoffindustrie hatte sich als unbefriedigend erwiesen. Künftig sollten heikle Themen bereits im Vorfeld erkannt und eine angemessene Argumentationslinie entwickelt werden. Außerdem gedachte der Fachverband seinerseits mit eigenen PR-Akzenten an die Öffentlichkeit heranzutreten und so das Image der Klebstoffe, -technik und -branche aufzuwerten.

2. *Kooperation mit dem Bundesumwelt- und Bundesgesundheitsamt:* Zu beiden Einrichtungen pflegte der Fachverband ein eher kompliziertes Verhältnis. Gleichwohl entschied er sich zur konstruktiveren Zusammenarbeit als bisher. Denn nur so könnten bei auftretenden Fragen für alle Beteiligten akzeptable Lösungen erzielt werden. Im konkreten Fall der Lösungsmittel in Klebstoffen beispielsweise vereinbarte die Geschäftsführung mit beiden Ämtern, dass der Fachverband alle zwei Jahre bei den Mitgliedsfirmen Angaben zum Verbrauch an Lösungsmitteln in Erfahrung bringen würde.

„Jetzt wächst zusammen, was zusammen gehört."

Das Jahr 1989 läutete eine Zäsur welthistorischen Ausmaßes ein: den Zusammenbruch der sozialistischen Regime in Osteuropa. In Leipzig, Dresden und Ost-Berlin bahnte sich die „friedliche Revolution" unwiderstehlich ihren Weg. Nach Jahren der Misswirtschaft und Unterdrückung kollabierte das SED-Regime binnen weniger Monate unter dem Druck der immer unzufriedeneren Bevölkerung. „Jetzt wächst zusammen, was zusammen gehört", kommentierte ein sichtlich bewegter Altkanzler Willy Brandt am 9.11.1989 den denkwürdigen Mauerfall in Berlin und die sich abzeichnende Annäherung beider deutscher Staaten.

Für den Fachverband Klebstoffindustrie e. V. galt das nur bedingt, da ein Zusammenwachsen mit dem ostdeutschen Pendant ausgeschlossen war – ein solcher existierte nämlich gar nicht. Gleichwohl kamen im Zuge der deutschen Einheit wichtige Aufgaben auf Vorstand und Geschäftsführung zu, ging es doch darum, die insgesamt 43 Klebstoffhersteller der DDR beim Übergang in die Marktwirtschaft zu beraten bzw. ihnen Partner im Westen zu vermitteln. Im März 1990 bat Betriebsdirektor Kalbitz von dem VEB Leuna Werke „Walter Ulbricht" den Fachverband Klebstoffindustrie, die Gründung eines ostdeutschen Fachverbandes nach Düsseldorfer Vorbild mit juristischem und verbandspolitischem Sachverstand zu unterstützen. Dabei sollte die existierende „Erzeugnisgruppe Klebstoffe, Kitte, Dichtungsmassen" als organisatorischer Kristallisationskern dienen. Geschäftsführer Fabricius reiste im Frühjahr und Sommer 1990 mehrfach in die untergehende DDR, um mit Vertretern der dortigen Klebstoffbetriebe mögliche Handlungsoptionen zu besprechen.

Allerdings überrollte die Dynamik der Geschehnisse sämtliche Planungen und machte sie zunichte. Nach der Märzwahl 1990 leitete die CDU-geführte Regierung unter Ministerpräsident Lothar de Maiziére den Beitritt der DDR zur Bundesrepublik ein, zum 1.7.1990 trat die Währungs- und Wirtschaftsunion in Kraft, und am 3.10.1990 feierte ganz Deutschland die wiedererlangte Einheit. Zuvor, im September 1990, hatte der Vorstand beschlossen, dass mit der deutschen Einheit alle Klebstoffhersteller auf dem Gebiet der vormaligen DDR zu einem reduzierten Beitrag Mitglied des Fachverbandes werden könnten. Damit war das Kapitel deutsche Einheit für den Verband abgeschlossen.

VEB LEUNA-WERKE »WALTER ULBRICHT«
BETRIEB DER SOZIALISTISCHEN ARBEIT
Betriebsdirektor Konsumgüter

Deutscher Fachverband
Klebstoffindustrie
Postfach 20 04 09
Steinstr. 4
D - 4000 Düsseldorf 1

Aussteller der Leipziger Messen
Frühjahr und Herbst
Messegelände

Ihre Zeichen	Ihre Nachricht vom	Unsere Nachricht vom	Unsere Zeichen	Hausapparat Nr.	DDR - 4220 LEUNA 3
			KGE/Wü/Si	263583	05. 03. 1990

Betreff

Sehr geehrte Herren!

Das Leuna-Kombinat ist Leitbetrieb für die Erzeugnisgruppe "Klebstoffe, Kitte, Dichtungsmassen".
In dieser Erzeugnisgruppe arbeiten Betriebe mit ähnlichem Produktionsprofil unabhängig von ihrer leitungsmäßigen Unterstellung und Eigentumsform auf freiwilliger Basis zusammen.
Die bisherige Zielstellung der Erzeugnisgruppenarbeit bestand in der Kooperation und Koordinierung der Betriebe zur Sicherung einer einheitlichen Entwicklung im Industriezweig.

Aus der Sicht der bevorstehenden Wirtschaftsreform ist die Erzeugnisgruppenarbeit neu zu organisieren.
Wir möchten Sie aus diesem Grunde um Ihre Unterstützung beim Aufbau eines Fachverbandes bitten. Andererseits wäre auch eine Mitgliedschaft in Ihrem Fachverband denkbar.

Für Informationen über die dazu notwendigen Voraussetzungen und Bedingungen wären wir Ihnen sehr dankbar.

Mit freundlichen Grüßen

DI.oec. Kalbitz

Bitte Rückseite beachten!

Abb. 40: Schreiben von Betriebsdirektor Kalbitz an Hauptgeschäftsführer Fabricius, 5.3.1990 (IVK-Archiv, Düsseldorf).

VI.2 In bewährten Bahnen: die verbandsinterne Arbeit

Die Führungsebene

Den Vorsitz des Fachverbandes übte bis 1980 Werner Westphal aus. Er galt als eine besonnene Person, dessen ausgleichende Art allseits großen Anklang fand. Zu seinen zentralen Verdiensten zählte insbesondere das Engagement bei der Gründung und Ausgestaltung des europäischen Klebstoffverbandes FEICA. Westphal hatte von Beginn an darauf gedrängt, dass der Fachverband Klebstoffindustrie e. V. die Zusammenkünfte auf europäischer Ebene mit einer möglichst umfangreichen Delegation bestritt. Auf diese Weise untermauerte er sein Gewicht innerhalb der FEICA. Freilich galt es dabei, die Empfindlichkeiten der europäischen Partner zu berücksichtigen. Die erkennbar bessere Organisation des deutschen Fachverbandes sowie die beachtliche Marktpräsenz des Henkel-Konzerns und der zahlreichen innovativen deutschen Klebstofffirmen stießen nach Einschätzung von Dr. Lagally bei ihnen auf Vorbehalte. Werner Westphal gelang es in seiner Funktion als Präsident der FEICA von 1975 – 1977, mit Geschick und diplomatischem Fingerspitzengefühl diese Vorbehalte abzubauen und die FEICA zu einer effizienteren Interessenorganisation zu entwickeln. In Anerkennung seiner unbestrittenen Verdienste ernannte die FEICA-Vollversammlung Werner Westphal nach seinem Ausscheiden im Jahr 1982 zu ihrem Ehrenpräsidenten.

Der Nachfolger Dr. Johannes Dahs, seit 1968 bei Henkel in verschiedenen Funktionen beschäftigt, führte den Fachverband Klebstoffindustrie e. V. zwölf Jahre über die deutsche Einheit hinweg bis zum Jahr 1992. Er setzte im Wesentlichen den bisherigen Kurs fort, vermochte aber insbesondere den Fachverband als öffentlich wahrnehmbare Organisation erkennbarer zu positionieren. Auf europäischer Ebene stand Dr. Dahs von 1989 bis 1992 als deren Präsident an der Spitze der FEICA.

Beide Vorsitzende arbeiteten vertrauensvoll und – soweit überliefert – weitgehend spannungsfrei mit der Geschäftsführung unter Leitung des Juristen Dietrich Fabricius zusammen. Er wurde 1979 zum Hauptgeschäftsführer ernannt. Ihm zu Seite standen Klaus Neumann sowie zwei Sekretärinnen. Um das

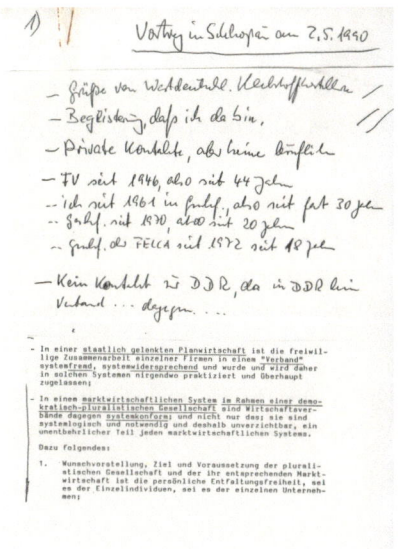

Abb. 41: Notizzettel von Dietrich Fabricius für einen Vortrag in Schkopau / Sachsen-Anhalt am 2.5.1990 (IVK-Archiv, Düsseldorf).

zunehmende Arbeitsaufkommen bewältigen zu können, entschloss sich der Vorstand Ende der 1970er Jahre, einen dritten Sachbearbeiter einzustellen. Angesichts der umsatz- und damit konjunkturabhängigen Verbandseinnahmen ging man durchaus ein gewisses finanzielles Risiko ein, was auch als solches im Vorstand diskutiert wurde. Nach dem nur kurzen Intermezzo von Frau Springefeld, die zum 1.4.1982 kündigte, gewann man 1983 mit dem Diplomkaufmann Ansgar van Halteren einen überaus geeigneten Mitarbeiter; auf lange Sicht dürfte sich diese Personalinvestition mehr als amortisiert haben.

„Ein besonders begrüssenswertes Beispiel für aktive Solidarität" – der Seniorenkreis

Auf Anregung des Ehrenvorsitzenden Adolf Müller-Born entschloss sich der Vorstand im Jahre 1974, einen Seniorenkreis ins Leben zu rufen. Ehemalige Vorstandsmitglieder, die sich altersbedingt aus dem aktiven Verbands- und Berufsleben verabschiedet hatten, fanden hier ein Forum, um langjährige und liebgewordene

persönliche Kontakte weiterhin zu pflegen. Sicherlich kam es auch zu dem einen oder anderen fachlichen Gedanken- und Informationsaustausch. Seit 1998 hat sich der Kreis ehemaligen Vorstandskollegen jenseits des 60. Lebensjahres geöffnet, die nicht mehr aktiv im Verband tätig sind.

Bis heute darf es als eine noble Geste und ein Zeichen der Wertschätzung seitens der Jüngeren gelten, dass einmal im Jahr ein Mitgliedsunternehmen den Seniorenkreis zu sich einlädt. Auf dem Programm stehen in der Regel neben der Firmenbesichtigung gemeinsame kulturelle Veranstaltungen und ein geselliger Abend.

Einrichtungen wie der Seniorenkreis belegen: Der Fachverband war zu keiner Zeit eine rein ökonomisch ausgerichtete Zweckgemeinschaft, er war stets auch ein Club „der aktiven Solidarität".

„Business as usual", aber doch einige neue Akzente

Es lag in der Natur der Sache, dass der Fachverband seine überaus erfolgreiche Arbeit ohne größere Korrekturen fortsetzen würde. Zu einem grundsätzlichen Kurswechsel bestand kein Anlass, nur hier und da nahm man Änderungen vor. Beispielsweise entschied sich der Vorstand 1978 nach längerer Diskussion gegen eine Neuauflage des sogenannten Betriebsvergleichs, mit dem man ursprünglich eine branchenumfassend transparente Preisgestaltung hatte erreichen wollen.

„Ein außerordentlich wichtiges und wertvolles Hilfsmittel für die alltägliche Arbeit, wenn man es zu studieren und nutzen wisse", war nach Einschätzung von Werner Westphal die 1973 eingeführte Loseblattsammlung. In ihr listete die Geschäftsführung für die Klebstoffbranche einschlägige Gesetze, Verordnungen, Normen und Merkblätter auf und versah diese mit erläuternden Kommentaren. Durch die alljährliche Ergänzung blieben die Unternehmen stets auf dem neuesten Stand. Die Loseblattsammlung stellte eine geeignete Reaktion auf die bürokratische Regulierungswut und dadurch verursachte Regelflut dar.

Mitte der 1970er Jahre verlagerte sich die Verbandsarbeit immer mehr hin zur Behandlung technischer Aspekte. Fragen der Klebstoff- und Prüfnormung, die

Abb. 42: Dr. Johannes Dahs, Vorsitzender 1980 – 1992 (IVK-Archiv, Düsseldorf).

Abb. 43: Erstes Treffen des Seniorenkreises, 10.7.1974 (IVK-Archiv, Düsseldorf).

Abb. 44: Vorstand des Fachverband Leime und Klebstoffe, 1973, nebst Frau und Sohn vom Ehrenvorsitzenden Adolf Müller-Born (IVK-Archiv, Düsseldorf).

Arbeitsstoffverordnung, das Eichgesetz, Verordnungen zu Bodenbelägen und die Sorge vor überbordendem Umweltschutz und Verbraucherschutzregulierungen beschäftigten Geschäftsführung, Vorstand und Arbeitskreise gleichermaßen. Als Orientierungshilfe angesichts der immer komplexeren, unübersichtlichen Sachverhalte bot der Fachverband seinen Mitgliedern Fortbildungsseminare zu den unterschiedlichsten Themen an. So umfasste im Jahr 1977 der Seminardienst Angebote zu Themen wie Eichgesetz, Abwasser- und Abfallregelungen und Emissionen. Immer wieder wiesen die Vorsitzenden Westphal und Dr. Dahs auf den enormen Wert dieser Dienstleistungen hin. Auch der gegenwärtige Hauptgeschäftsführer van Halteren berichtet von Gesprächen, in denen Mitglieder versicherten, wie vorteilhaft eine hohe Marktinformationsdichte für die praktische Unternehmensführung sei. Und hierfür bietet der Service des Fachverbandes eine hilfreiche Grundlage.

Tab. 13: Gremientätigkeit der Geschäftsführung, 1976.

Organisation	Anzahl
Fachverband Klebstoffe e. V.	19
FEICA	9
Verband der Chemischen Industrie	5
Bundesverband der Deutschen Industrie	2
CEFIC	3
Fachnormenausschüsse	4
Sonstige	8
Summe	**50**

Weiter zu nahm die Zahl der zu betreuenden Gremien auf nationaler wie internationaler Ebene, was vor allem auf die Professionalisierung der FEICA und die Diversifizierung des Fachverbands zurück zu führen war. Im Jahr 1975 betreute er 50 Gremien, für das Jahr 1978 zählte Fabricius bereits deren mehr als 60. Schließlich bemühte sich die Geschäftsführung intensiver als in früheren Jahren darum, Firmen persönliche Besuche abzustatten und in bestimmten Fragen zu beraten. Auf diese Weise sollte die innerverbandliche Kommunikation gestärkt werden.

Den gewichtigsten neuen Akzent setzte die Verbandsführung indes auf einem Feld, das bis dahin überhaupt nicht bestellt worden war: die Öffentlichkeitsarbeit.

VI.3   Ein neues Feld wird bestellt: Öffentlichkeitsarbeit

Eine mit Schrauben oder Nägeln versehene Stradivari – für Musikliebhaber ist diese Vorstellung ein Graus. Der Klang des edlen Musikinstruments würde durch die Metallverbindungen wohl gänzlich seinen Zauber verlieren. Die überragende Bedeutung von Klebstoffen im Musikinstrumentenbau nutzte der WDR als Aufhänger für seine Sendung „Zeitzeichen", die am 14.11.1987 anlässlich des 15jährigen Bestehens der FEICA gesendet wurde. Freilich spielte die europäische Verbandsgründung im weiteren Verlauf der Sendung eine nachrangige Rolle. Vielmehr erfuhr der Hörer Erstaunliches aus der unscheinbaren Klebstoffwelt. Beispielsweise, dass moderne Klebstoffe den Stolz der europäischen Luftfahrtindustrie, den Airbus A 300, zusammen und damit in der Luft halten. Ebenso verlässlich heften sie die Windel um Babys Popo. Das transparente Dach über dem Münchner Olympia-Stadion, eine architektonische Meisterleistung, mit 160.000 Gummi-Metall-Verbindungen – alle geklebt! Selbst der erste Mann auf dem Mond, Neil Armstrong, benötigte Klebstoffe für die An- und Abreise wie auch für den Aufenthalt auf dem Erdtrabanten.

Solche Beispiele aus dem alltäglichen und nicht ganz so alltäglichen Leben sollten einer breiten Öffentlichkeit auf unterhaltsame Weise die Vielfalt und Leistungsfähigkeit von Klebstoffen vor Augen führen. Seit den 1970er Jahren informierten immer wieder Wissenssendungen über die Wunderwelt von Klebstoffen und -techniken. Am 26.1.1976 etwa widmete ihnen der „ARD-Ratgeber der Technik" eine ganze Folge. Die Sendung „Von der Idee zum Produkt: Klebstoff" strahlte im Frühjahr 1980 ebenfalls die ARD aus. Dabei handelte es sich um die audiovisuelle Umsetzung der VCI-Broschüre „Ein Produkt entsteht. Der lange Weg von der Idee zum Markt".

Der Fachverband unterstützte die Redaktionen mit Rat und Tat, wünschte er doch seine Produktgruppe aus ihrem Nischendasein herauszuführen. In der eingangs zitierten Sendung etwa kamen der Vorsitzende des Fachverbandes, Dr. Johannes Dahs, und der Klebstoffexperte, Dr. Manfred Dohr, ausführlich zu Wort. Beide erläuterten verschiedenste Aspekte ihres Metiers und bezogen auch Stellung zu brisanten Themen wie Lösungsmittel in Klebstoffen. Vergleichbare öffentliche Auftritte führender Vertreter des Fachverbandes sind aus den 1950er und 1960er Jahren nicht überliefert – und auch nur schwer vorstellbar. Damals handelte man gegenüber den Medien eher gemäß dem Motto: Nicht auffallen, dann kann man nicht reinfallen.

Ein Sinneswandel in puncto Öffentlichkeitsarbeit setzte Mitte der 1970er Jahre ein. Auf der Vorstandsitzung im Herbst 1976 äußerte der Vorsitzende Westphal die Auffassung, dass die Öffentlichkeitsarbeit „sehr unvollkommen" sei und dringender Handlungsbedarf bestünde. Drei Argumente dürften Westphal zur Einsicht gebracht haben:

1. *Der geringe Bekanntheitsgrad von Klebstoffen und ihrer technischen Bedeutung:* „Presse und Öffentlichkeit ist die Bedeutung der Klebstoffindustrie nach wie vor praktisch unbekannt." Westphals lapidarer Analyse aus dem Jahr 1976 stimmte der Vorstand uneingeschränkt zu. Als der Markt noch dynamisch wuchs, spielte dieses Aschenbrödeldasein keine Rolle. Jetzt aber, in Zeiten der Stagnation, war ein bekanntes und positives Image von großer Bedeutung. Gerade im Metall- und Kunststoffgewerbe, wo man traditionelle Verbindungstechniken gerne durch Kleben ersetzen wollte, konnte ein größerer Bekanntheitsgrad nur von Nutzen sein.

2. *Das problematische Image von Klebstoffen:* Die Lehren aus den öffentlichen Diskussionen um vermeintliche oder tatsächliche Gesundheits- und Umweltgefährdung durch Klebstoffe zielten in Richtung einer vorausschauenden, proaktiven Öffentlichkeitsarbeit.

3. *Nachwuchsmangel:* Die Sorge um gut ausgebildete Nachwuchskräfte in ausreichender Zahl veranlasste den Vorstand, über die Herstellung von Lehrmaterialien für Schule und Hochschule nachzudenken.

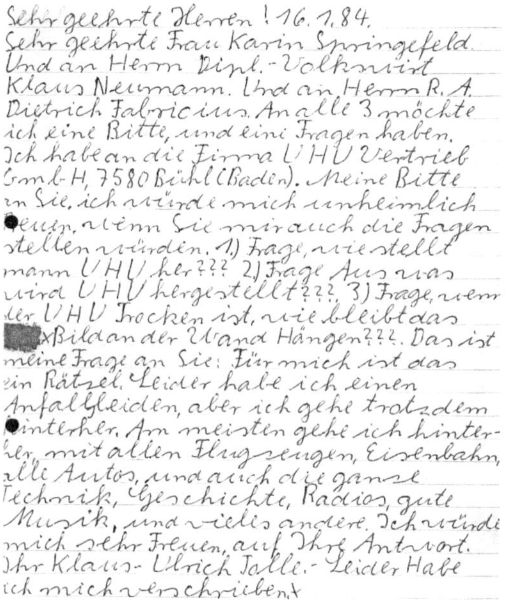

Sehr geehrte Herren! 16.1.84.
Sehr geehrte Frau Karin Springefeld.
Und an Herrn Dipl.-Volkswirt
Klaus Neumann. Und an Herrn R. A.
Dietrich Fabricius. An alle 3 möchte
ich eine Bitte, und eini Fragen haben.
Ich habe an die Firma UHU Vertrieb
GmbH, 7580 Bühl (Baden). Meine Bitte
an Sie, ich würde mich unheimlich
freuen, wenn Sie mir auch die Fragen
stellen würden. 1) Frage, wie stellt
mann UHU her??? 2) Frage Aus was
wird UHU hergestellt???. 3) Frage, wenn
der UHU Trocken ist, wie bleibt das
xBild an der Wand Hängen???. Das ist
meine Frage an Sie: Für mich ist das
ein Rätsel. Leider habe ich einen
Anfallsleiden, aber ich gehe trotzdem
hinterher. Am meisten gehe ich hinterher, mit allen Flugzeugen, Eisenbahn,
alle Autos, und auch die ganze
Technik, Geschichte, Radios, gute
Musik, und vieles andere. Ich würde
mich sehr Freuen, auf Ihre Antwort.
Ihr Klaus-Ulrich Tolle. - Leider Habe
ich mich verschrieben x

Abb. 45: Schreiben von Klaus-Ulrich Tolle, Bodelschwinghsche Anstalten, an die Geschäftsführung des Fachverbandes Klebstoffindustrie, 16.1.1984 (IVK-Archiv, Düsseldorf).

Aufgrund dieser Analyse lag es auf der Hand, dass der Fachverband eine PR-Strategie entwickelte, die auf zwei Säulen beruhte: Zum einen Informationsveranstaltungen für Experten der Klebstoffverarbeitung, zum anderen populäre Darstellungen, um das Wissen über Klebstoffe zu verbreiten und das Ansehen der Klebstoffe zu erhöhen.

Folglich erteilte der Vorstand 1977 dem ehemaligen Werbeleiter der Firma Henkel, Herrn Eichner, den Auftrag, einen Kostenvoranschlag für Personal und PR-Kampagnen zu erarbeiten. Sein daraufhin vorgelegtes Papier wurde für gut befunden. Allerdings wies Geschäftsführer Fabricius zu Recht darauf hin, dass die Ausarbeitung und Umsetzung eines durchdachten PR-Konzepts die personellen Kapazitäten der Geschäftsführung und damit auch die finanziellen Ressourcen des Verbandes absolut überfordern würden. Letztlich stellte man das Projekt zurück, da der VCI zeitgleich eine umfassende Medienkampagne startete, an der der Fachverband indirekt beteiligt war. Außerdem schien angesichts der

unsicheren Konjunkturlage Ende der 1970er Jahre und der geplanten Personalaufstockung in der Geschäftsführung eine weitere Ausgabe größeren Zuschnitts problematisch.

Tatsächlich setzte eine kontinuierliche PR-Arbeit des Fachverbandes erst 1981 ein. In jenem Jahr gelangte das Themenheft „Klebstoffe" als Beilage zu den Zeitschriften „Journalist" und „Medien-Info"´ in einer Auflage von beachtlichen 23.000 Exemplaren an die Öffentlichkeit.

Öffentlichkeitsarbeit erfolgte auch im kleinen Maßstab. Mit großer Gewissenhaftigkeit erfüllte die Geschäftsführung die immer häufiger gestellten Bitten von Lehrern nach Informationsmaterialien über Klebstoffe und -techniken. Ebenso aufmerksam und in verständlicher Weise beantwortete sie Fragen wissensdurstiger Schüler oder – wie im abgebildeten Falle – den rührenden Brief eines Bewohners der Bodelschwinghschen Anstalten in Bethel.

VI.4 Kooperationen mit Forschungseinrichtungen

In einem Interview vom 29.8.1990 äußerte ein nachdenklicher Dr. Johannes Dahs, dass viele Konstrukteure bezüglich Klebstoffen und -techniken nur lückenhafte Kenntnisse aufwiesen und eher traditionellen Verbundtechniken zuneigten. Das Fehlen eines verbindlichen Curriculums der Klebtechnik trage das Seine zu diesem Missstand bei. Aus diesem Grunde habe der Fachverband Kooperationen mit der RWTH Aachen, mit der TU München und auch mit der Gesamthochschule Paderborn vereinbart.

Als Interessenvertretung einer technologisch dynamischen Branche musste dem Fachverband an einer engen Zusammenarbeit der Klebstoffindustrie mit Forschungsinstituten und Universitäten gelegen sein. Er selbst konnte dabei kaum als Auftraggeber konkreter Projekte in Erscheinung treten, da in aller Regel nur einzelne Sparten von ihnen profitierten. Außerdem überforderten die meist kostspieligen und langfristig konzipierten Untersuchen seine finanziellen Möglichkeiten bei Weitem. Sehr wohl aber verfügte er über satzungskonforme

Handlungsspielräume, wenn es um die Recherche einschlägiger Forschungsgruppen ging, um die Koordination branchenumfassender Symposien u. a. m.

Bis in die 1970er Jahre hinein hatte sich das Engagement des Fachverbandes auf die Mitgliedschaft bei einigen freien Forschungseinrichtungen beschränkt. Die Wirtschaftskrise 1974/75 schränkte selbst diese wenigen Aktivitäten ein. So kündigte der Fachverband 1974 seine Mitgliedschaft beim Stuttgarter Institut für Pigmente und Lacke. Immerhin konnte man Kooperationen mit dem Braunschweiger „Wilhelm-Klauditz-Institut" (28.11.1976) und in München mit dem „Institut für Holzforschung und Holztechnik" (27.1.1977) aufrechterhalten. Hin und wieder vergab der Fachverband auch einzelne Forschungsaufträge, so 1976 an das Frankfurter Batelle-Institut.

Erst zu Beginn des Jahres 1983 diskutierte der Vorstand eine langfristig und umfassend angelegte Strategie bezüglich der Zusammenarbeit mit Forschungseinrichtungen. Der neue Mitarbeiter Ansgar van Halteren recherchierte im Auftrag des Vorstandes 1984, an welchen Universitäten und sonstigen wissenschaftlichen Einrichtungen in der Bundesrepublik Deutschland und in West-Berlin über Klebstoffe und Klebtechnik geforscht wurde. Insbesondere die TU Berlin und das Fraunhofer-Institut für Fertigungstechnik und angewandte Materialforschung (IFAM) in Bremen konnten mit größeren Forschergruppen punkten.

Der Verband entschied sich, die im April 1984 stattfindende Fachtagung zum Thema „Fertigungssysteme Kleben" an der TU Berlin mit einem Zuschuss aus dem Technischen Fonds zu fördern. Aus dieser umfangreichen Tagung ging am 24.10.1984 der Arbeitskreis „Kleben" hervor. Seine konstituierende Sitzung, an der 76 Personen aus Industrie und Forschung teilnahmen, fand am IFAM in Bremen statt, bis heute ein enger Partner des Verbandes. Die Diskussionen drehten sich immer wieder um das Image des Klebens als einer „Ersatztechnologie", was wohl auch am - verglichen mit der Schweißtechnik - unbefriedigenden professionellen Standard lag. Als Beispiel nannten Experten fehlende einschlägige Prüfnormen und Ausbildungssysteme. Generell rühre das Misstrauen gegenüber Klebstoffen von einer tief verwurzelten Tradition im Ingenieursdenken, die stark auf Metalle fixiert wäre und mit Polymeren wenig anzufangen wüsste. Alles in allem sei die aktuelle Forschung - Stand 1984 - zu gering

und zu diskontinuierlich. In Deutschland befasse sich ein Kreis von 20 – 25 Personen mit einschlägigen Fragen. In den USA, in Japan und selbst in Großbritannien fuße die Klebstoffbranche auf einem sehr viel breiteren wissenschaftlichen Fundament.

Ausgehend von dieser Lagebeurteilung entwickelte der Fachverband einige Aktivitäten. So plante er, einen Preis für Forschungen im Bereich der Klebstoffe und Klebtechnik auszuloben. Das nordrhein-westfälische Ministerium für Wissenschaft und Forschung forderte er auf, einschlägige Projekte an den Landesuniversitäten großzügig zu unterstützen. Im November 1990 richtete der Verband in Berlin mit großem Erfolg den ersten Deutschen Klebstofftag aus. Rund 170 Teilnehmer informierten sich über „Sicheres Kleben".

VI.5 Jenseits des „nationalen Containers": Europa und die Welt

Vom Soziologen Ulrich Beck stammt das Konzept des „nationalen Containers". Mit dieser Metapher spielt Beck darauf an, dass unser Denken hinsichtlich wirtschaftlicher, politischer, gesellschaftlicher und kultureller Themen von der Vorstellung eines „nationalen Containers" als geschlossenem Handlungsraum geprägt sei. Klar, in Zeiten der internationalen Kontakte und Globalisierung ist diese Vorstellung mit der Realität nicht in Einklang zu bringen. Vielmehr weist der „nationale Container" im hohen Maße perforierte Wände auf.

Am Beispiel der Geschichte des Fachverband Klebstoffindustrie e.V. lässt sich diese Überwindung des „nationalen Containers" anschaulich studieren und belegen. Grenzüberschreitende, internationale Zusammenhänge rückten im Laufe der Jahre immer stärker ins Zentrum der Verbandstätigkeit. Das lässt sich zum einen an der konstant hohen und tendenziell steigenden Exportquote der Klebstoffbranche festmachen. Zum anderen ist in dem Zusammenhang die Gründung und Ausgestaltung des europäischen Verbandes FEICA zu nennen. Drittens dominierten zunehmend multinationale Klebstoffhersteller den Markt und schließlich rückten ferne Länder wie die USA oder Japan mehr und mehr ins Blickfeld der Verbandsgremien.

Seinen verdichteten Ausdruck fand der Trend zur Internationalisierung in der ersten Weltklebstoffkonferenz, die 1988 in München unter Federführung des Fachverbandes Klebstoffindustrie organisiert wurde.

Stagnation in Europa: die Eurosklerose und die FEICA

Zu den Grundlinien der Verbandspolitik zählte ein Bekenntnis zur europäischen Zusammenarbeit und deren stete Intensivierung. Aus unterschiedlichen Gründen erwies sich dies als ein mühseliges Unterfangen; dicke Bretter waren zu bohren.

Während der 1970er und 1980er Jahre ebbte die Europaeuphorie früherer Jahre erkennbar ab. Brüssel stand mehr und mehr für Überregulierung, die europäische Integration verlor sich im Klein-Klein der alltäglichen Verwaltungsarbeit. Die „Eurosklerose" bezeichnet jene Entwicklung, bei der Europa vom Zukunfts- und Hoffnungsprojekt zu einem bürokratischen Moloch zu verknöchern drohte. Auch die FEICA durchschritt die Mühen der Ebene. Als Erfolg ist der Beitritt weiterer nationaler Fachverbände zu verbuchen. Im Jahr 1975 gehörten ihr bereits Fachverbände aus 12 europäischen Ländern an: Dänemark, Niederlande, Belgien, Luxemburg, Frankreich, Italien, Großbritannien, Deutschland, Österreich, Schweiz, Portugal und Spanien. Diese vereinten rund 450 Firmen mit ca. 50.000 - 60.000 Mitarbeitern.

Auf den Vollversammlungen stellten die bundesdeutschen Vertreter bis zur Hälfte aller Delegierten. Die starke Präsenz unterstreicht nicht nur, welch hohen Stellenwert die FEICA in ihren Augen besaß. Sie dokumentiert auch den Willen auf eine prominente Vertretung in deren Führung. Zugleich sollten die spezifischen Interessen der deutschen Klebstoffbranche angemessen auf europäischer Ebene vertreten werden. Nach anfänglichen organisatorischen Reibungsverlusten und atmosphärischen Störungen konnte Werner Westphal aber gegen Ende seiner Amtszeit erleichtert resümieren, dass die Dinge sich zum Guten gewendet hätten. Die FEICA arbeitete hinreichend effizient und es herrschte bei den Treffen ein freundliches, bisweilen gar harmonisches Klima.

Tatsächlich lassen sich auch substantielle Fortschritte auf der europäischen Arbeitsebene verzeichnen. So nahm das Comité Européenne de Normalisation (CEN) der FEICA 1989, welches mit dem seit 1961 existierenden CEN kooperierte, seine Arbeit auf. Bis zur Jahrtausendwende schaffte es dieses Gremium, mehr als einhundert europäische Normen für Klebstoffe verbindlich zu harmonisieren.

Die Klebstoffwelt rückt zusammen

In den 1970er Jahren mehrten sich die Anzeichen, dass auf deutscher wie europäischer Verbandsebene branchenrelevante Vorgänge in den USA oder auch Japan wahrgenommen wurden. Im März 1973 beschloss das Präsidium der FEICA die Kontakte zum US-amerikanischen Partnerverband „The Adhesive and Sealant Council" zu intensivieren. Zeitgleich diskutierte der Fachverbandsvorstand über eine Tagung des US-amerikanischen Klebstoffverbandes. Einen Gedankenaustausch zwischen Topmanagern beider Kontinente regten die US-Amerikaner an. Kurz: man wollte sich kennenlernen und eventuell auch voneinander lernen.

Unbestrittener Höhepunkt dieser Internationalisierung war die erste Weltklebstoffkonferenz im Jahr 1988. Solche Veranstaltungen lagen im Trend der Zeit. Im Jahr zuvor beispielsweise hatte der erste globale Polyurethan-Kongress stattgefunden. Sie sind als Indikator einer weiter zusammenwachsenden Weltwirtschaft zu werten.

Vom 8. - 10.6.1988 trafen sich über 700 Klebstoffexperten aus 53 Nationen in München. Die Organisationsleitung lag bei der FEICA, gleichwohl leistete die Geschäftsführung des Fachverbandes die Kärrnerarbeit. Alles in allem war die Veranstaltung als Erfolg zu werten und wird seither alle vier Jahre abgehalten.

VII Digitale Revolution und Globalisierung: Der Industrieverband Klebstoffe e. V. seit 1992

VII.1 Das wirtschaftliche, politische und gesellschaftliche Umfeld

Digitale Revolution, Globalisierung, new economy und Weltfinanzkrise

Wer erwartet hatte, dass nach dem turbulenten Zusammenbruch des Sozialismus und dem Ende des Kalten Krieges ruhige Zeiten anbrechen würden, sah sich schon bald eines Besseren belehrt. Selten wohl in der Geschichte hat technischer Fortschritt so grundlegend Wirtschaft und Gesellschaft verändert, wie in den vergangenen 25 Jahren. Die bereits seit geraumer Zeit voranschreitende digitale Revolution nahm zu Beginn der 1990er Jahre mächtig Fahrt auf und eröffnete in atemberaubender Geschwindigkeit neue Horizonte. Verantwortlich hierfür zeichneten in erster Linie zwei Faktoren: die nicht endende Leistungsexplosion bei der elektronischen Datenverarbeitung und die Etablierung des allgemein zugänglichen Internets. Beide Faktoren kombiniert brachten neue Kommunikationskanäle und innovative massenmediale Formate hervor, die ihrerseits tief in die ökonomische und soziale Struktur unserer Gesellschaft eingriffen. Klar, auf diese umwälzenden Veränderungen musste der IVK angemessen reagieren.

Mitte der 1990er Jahre beherrschte ein Schlagwort die öffentliche Debatte, das gleichermaßen Hoffnungen wie Ängste weckte: Globalisierung. Der Abbau internationaler Handelsschranken, die Gründung der Welthandelsorganisation WTO im Jahr 1995, sinkende Transportkosten und ein nahezu unbegrenzter globaler Informationsaustausch in „Echtzeit" ließen die Weltwirtschaft näher zusammenrücken. Länderübergreifende Produktionsketten, erleichterter Zugang zu ausländischen Absatzmärkten, internetgestützte Handelsplattformen u. a. m. versprachen ein dauerhaftes Wachstum der Weltwirtschaft. Des einen Freud, des anderen Leid: in der Bundesrepublik mit ihren hohen Löhnen sowie den ausgefeilten Sozial- und Umweltstandards fürchteten viele eine massive Abwanderung von Unternehmen und Arbeitsplätzen. Hierüber entbrannte die sogenannte „Standortdebatte", in der sich der IVK als Interessenvertretung einer mittelständisch geprägten Branche natürlich positionieren musste.

Die vergangenen zwei Dekaden waren auch Dekaden der globalen Wirtschaftskrisen. Um die Milleniumswende versprachen eher hemdsärmelig auftretende Protagonisten der sogenannten „new economy" eine internetbasierte „brave new world economy", die revolutionäre Geschäftsmodelle und dauerhaftes Wirtschaftswachstum generieren würde. Gegen diese Vision sah die traditionelle Wirtschaft, zu der auch die Klebstoffindustrie zählt, tatsächlich wie eine „old economy" aus – anscheinend! Denn zahlreiche der vollmundigen Versprechungen erwiesen sich als hohl und viele der vermeintlich revolutionären Geschäftsmodelle als abenteuerlich. Beide blähten eine gewaltige dotcom-bubble auf, die 2000 mit großem Knall platzte. Jetzt zeigte sich, dass old fashioned im ökonomischen Sinne vor allem solides und seriöses Wirtschaften bedeutete.

Weitaus ernsthafter ist wohl die 2007/08 einsetzende Weltfinanzkrise zu bewerten, weil sie an den Grundfesten der liberalen Marktwirtschaft rüttelte. Binnen kürzester Zeit schwappte die Immobilienkrise in den USA auf die globalen Finanzmärkte und von dort auf die Realwirtschaft über. Zwar gelang es durch umfangreiche staatliche Eingriffe und Ausgaben die Krise einzudämmen – allerdings auf Kosten steigender Staatsschuldenquoten, die u. a. die bis heute ungelöste Krise Europas und des Euros verursachten. Vor allem die Verletzung marktwirtschaftlicher Grundprinzipien rief bei vielen Experten Stirnrunzeln hervor.

Unabhängig von den konjunkturellen Höhenflügen und Abstürzen bereitete den Wirtschaftsverbänden hierzulande ein weiterer Aspekt in den vergangen zwei Jahrzehnten Sorgen: der Fachkräftemangel aufgrund des demographischen Wandels. Bereits seit den 1970er Jahren hatten sinkende Geburtenraten die deutsche Bevölkerungsentwicklung hüben wie drüben geprägt. In der Folge machte sich seit den 1990er Jahren insbesondere bei der Besetzung qualifizierter Arbeitsplätze ein empfindlicher Fachkräftemangel bemerkbar. Daraus zog der IVK die richtigen Schlüsse und warb gezielt um Nachwuchs an Schulen und Universitäten.

Die Klebstoffindustrie während der vergangenen 20 Jahre

Im Jahre 1993 konstatierte eine Studie von Frost & Sullivan erstmals seit dem Zweiten Weltkrieg einen Rückgang bei Umsatz und Volumen in der europäischen Klebstoffindustrie. Auch wenn der Befund angesichts der Krise 1974/75 überrascht, bleibt unbestritten: die deutsche Klebstoffindustrie litt Mitte der 1990er Jahre unter den hohen Sozialabgaben und einer als drückend empfundenen Steuerlast. Zudem machte ihr eine Insolvenzwelle zu schaffen, die etliche Klebstoffverbraucher erfasste.

Gleichwohl stimmte der Industrieverband nicht in das allgemeine Klagelied über den unhaltbaren „Standort Deutschland" ein. Anlässlich der 50-Jahr-Feier des IVK 1996 begründete der Vorsitzende Arnd Picker ausführlich, weshalb die Bundesrepublik auch in Zukunft für die mittelständisch geprägte Klebstoffbranche von zentraler Bedeutung bleiben werde. Picker nannte vier ausschlaggebende Argumente für seine Auffassung:

1. *Das enge Netzwerk zwischen Klebrohstofflieferanten und Klebstoffherstellern:* Deutschland war nach wie vor die Heimat innovativer Klebrohstoffhersteller mit einem unersetzbaren know how in Bereichen wie Dispersionen, Polyurethanen u. a. m. Das enge Netzwerk zwischen den Rohstoffproduzenten und den Klebstoffherstellern stellte einen Standortvorteil dar, dessen Wert nicht hoch genug veranschlagt werden konnte.
2. *Deutschland als Hochburg des Maschinenbaus:* Deutschland blieb zudem das Zentrum führender Maschinenbauer in Industriezweigen, die für die Klebstoffbranche von größter Bedeutung waren: Holz- und Papierverarbeitung, Flaschenetikettierung, Verpackungsmaschinenproduzenten. Auch in dieser

Hinsicht baute die Klebstoffindustrie auf ein enges, belastbares und vor allem kaum zu ersetzendes Netz von Geschäftsbeziehungen.

3. *Nähe zu wichtigen Kunden:* Deutschland zeichnete als Produktionsstandort für Klebstoffe vor allem die Nähe zu wichtigen Abnehmern wie die Automobil- und Luftfahrtindustrie aus. Aufgrund deren robuster Geschäftsmodelle sollte auch dieser Standortvorteil von Dauer sein.

4. *Deutschland als großer Konsumentenmarkt:* Insbesondere der Bereich „Hobby, Haushalt und Büro", immerhin 20 % des Klebstoffmarktes, erfreute sich angesichts rund 80 Millionen Einwohner guter Perspektiven.

Die Unkenrufe einer flächendeckenden Abwanderung deutscher Industrieunternehmen in Billiglohnländer haben sich bekanntlich nicht bewahrheitet. Insbesondere die mittelständischen Unternehmen der Klebstoffbranche beließen ihre Firmensitze größtenteils im Lande und suchten nach anderen Wegen zur Erschließung ausländischer Märkte.

Natürlich erfassten die konjunkturellen Turbulenzen in Folge der geplatzten dotcom-bubble (2000) und der Weltfinanzkrise (2008 ff.) die deutsche Klebstoffindustrie. Allerdings vollzog das industrietechnische Querschnittsprodukt „Klebstoff" hinsichtlich seines Absatzes diese Turbulenzen in nur gedämpfter Weise nach. Insbesondere der anhaltende Exporterfolg und die boomende Automobilbranche wirkten hier positiv.

Als entscheidend für die insgesamt günstige Entwicklung erwiesen sich wie in den zurückliegenden Jahrzehnten die technische Qualität und das innovative Potential von Klebstoffen. Mit seinem Statement in der Augustausgabe der adhäsion 2000 hob der damalige IVK-Vorsitzende Dr. Wegner auf eine Fülle von Innovationen in der Klebtechnik ab: nachvernetzende Hotmelts, Hochleistungsklebstoffe auf Polyurethan- und Epoxidharzbasis, Klebstoffe mit multiplen Härtungsmechanismen (z. B. UV-Bestrahlung, Luftfeuchtigkeit, Sauerstoffzutritt), silanvernetzende Polyurethan-Prepolymere (S-PUR), um nur einige der klebrigen Hoffnungsträger zu nennen. Dazu zählten ebenfalls wiederlösbare Klebstoffsysteme. In dem Zusammenhang forschte man intensiv an Mechanismen, die auf Temperatur-, Spannungs-, Strom- oder pH-Wert-Änderungen basierten.

In etlichen Industriezweigen der Hochtechnologie, genannt seien die Luft- und Raumfahrt oder die Mikroelektronik, aber auch im Bereich der Medizintechnik, hier fallen die Stichworte dentale Prothetik oder Gewebeklebstoffe, erweiterte die Klebtechnik ihre Anwendungsfelder, zuweilen auch auf Kosten traditioneller Verbindungstechniken.

Europäische Integration nach Maastricht (1992)

Nach zwei Jahrzehnten lähmender „Eurosklerose" kam Anfang der 1990er Jahre wieder Bewegung in den europäischen Integrationsprozess. Mit dem Vertrag von Maastricht vereinbarten die zwölf Mitgliedstaaten 1992 die Entwicklung der Europäischen Union zu einer Währungs- und Wirtschaftsunion. Peu à peu rückten die europäischen Partner enger zusammen. Als emotional aufgeladenes Thema beschäftigten der Abschied von der verlässlichen DM und die Einführung des EURO die deutsche Öffentlichkeit. Von einigen als „Esperanto-Währung" verspottet, hatte die neue Währung anfangs einen schweren Stand. Seit 1999 als Buchgeld, ab 2001 dann auch als Münzen und Scheine in den Geldbörsen, gewann der EURO bald das allgemeine Vertrauen. Die vergangenen Jahre zeigen aber auch, wie rasch öffentliches Vertrauen aufs Spiel gesetzt werden kann.

Der IVK hatte sich in erster Linie mit der ausufernden Regulierungsleidenschaft Brüsseler Behörden zu befassen. Vor allem die EU-Chemikalienpolitik und das EU-Lebensmittelrecht erhitzten 2004 die Gemüter. Die REACH-Verordnung sorgte sogar dafür, dass Vertreter der mittelständischen Klebstoffhersteller unter maßgeblicher Initiative von Dr. Hannes Frank (Jowat SE, Detmold) im Rahmen der umfangreichen Kampagne „Einspruch!" 2005 zu einer Demonstration nach Berlin aufbrachen. Ausdrücklich unterstützte der IVK diese für Unternehmer und Wirtschaftsverbände eher ungewöhnliche Form der Interessenbekundung auf der Straße.

Die Bedeutung einer fähigen Interessenvertretung auf europäischer Ebene, vor Ort in Brüssel, wuchs in den vergangenen zwanzig Jahren erkennbar. Angesichts dessen bereitete dem IVK-Vorstand das deutlich komplizierter werdende Verhältnis zur FEICA zwischenzeitlich erhebliches Kopfzerbrechen.

VII.2 Der grosse „Wachwechsel"

Die frühen 1990er Jahre stellen in der Geschichte des Fachverbandes einen tiefgreifenden Einschnitt dar. Diese Zäsur bezog sich keineswegs nur auf die 1993 beschlossene neue Eigenbezeichnung „Industrieverband Klebstoffe e. V." und das konsequent umgesetzte neue corporate design. Mindestens ebenso einschneidend erwies sich der personelle Wachwechsel auf der Kommandobrücke.

Vorstand und Geschäftsführung

Nach zwölf gleichermaßen erfolg- wie ereignisreichen Jahren gab der Vorsitzende Dr. Johannes Dahs 1992 sein Amt ab. Zum Nachfolger wählten die Mitglieder Arnd Picker, ebenfalls aus dem Hause Henkel. Mit seiner freundlichen und verbindlichen Art führte er nahtlos die bislang schon angenehme Atmosphäre fort. In Pickers erste Ära fällt die konsequente Hinwendung zu einer durchdachten PR-Strategie, die im Zuge der digitalen Revolution neue Kommunikations- und Medienformate umsetzte. Des Weiteren verbinden sich mit seiner Präsidentschaft die engere Kooperation mit wissenschaftlichen Einrichtungen wie dem IFAM in Bremen und frische Akzente bei der Ausbildung von Fachkräften für Klebtechnik. Da Arnd Picker 1997 von seinem Arbeitgeber mit Leitungsaufgaben in Asien beauftragt wurde, sah sich der IVK veranlasst, einen neuen Vorsitzenden zu wählen.

Diesen fand man in dem promovierten Chemiker Dr. Jürgen Wegner, der als Mitarbeiter der Firma Henkel die bisherige Führungstradition dieses Hauses forstsetzte. Dr. Wegner regte in seiner zweijährigen Amtszeit einige interessante Projekte an, die auf eine deutlichere Ansprache der Zielgruppe Schüler und Lehrer abzielten.

Nach seiner Rückkehr aus China bestieg Arnd Picker erneut die Kommandobrücke des IVK für die Jahre 2000 bis 2008. Im Vordergrund seiner zweiten Amtszeit standen u. a. die Initiative „Qualifizierte Markterweiterung" und die Neuordnung der Beziehung zur FEICA.

Abb. 46: Arnd Picker, Vorsitzender 1992 – 1998 und 2000 – 2008 (IVK-Archiv, Düsseldorf).

Abb. 47: Dr. Jürgen Wegner, Vorsitzender 1998 – 2000 und Dr. Rainer Vogel, Vorsitzender des Technischen Ausschusses (IVK-Archiv Düsseldorf).

Aufgrund eines neuerlichen Engagements in Fernost endete Pickers Zeit als Vorsitzender im Jahre 2008. Mit Dr. Ralf Schelbach übernahm – wenig überraschend – wiederum ein Mann aus Düsseldorfer Hause den Vorsitz. Aufgrund seines Wechsels zur Firma Jowat und der Übernahme deren Asien-Geschäftes, stellte sich Dr. Schelbach 2010 nicht zur Wiederwahl.

Sein Nachfolger Dr. Boris Tasche übt das Amt des Vorsitzenden bis heute aus. Unter seiner Leitung erlebte die Branche die Nachwehen der Weltfinanz- und Weltwirtschaftskrise, die zumindest in Deutschland aber rasch in eine anhaltende Erholungsphase mündeten. Dr. Tasche moderierte zielorientiert die Ausgestaltung des IVK-Serviceportfolios, die den Verband zu einer im internationalen Vergleich hervorragend aufgestellten Organisation machte.

Nahezu zeitgleich mit dem Vorsitzenden Arnd Picker übernahm Ansgar van Haltern 1992 die Leitung der Geschäftsführung mit ihren nunmehr 6,75 Mitarbeiterstellen. Er wurde 1997 zum Hauptgeschäftsführer ernannt, seit 2002 auf Beschluss des Vorstandes auch zum Mitglied des höchsten Verbandsgremiums. Die Tatsache, dass der Hauptgeschäftsführer die Vorstandssitzungen nicht mehr nur vom „Katzentisch" aus, sondern als vollwertiges Mitglied am Konferenztisch mit gestaltet, dokumentiert die hohe Wertschätzung, welche das Amt, vor allem aber die Person bei den Verantwortlichen genoss.

Die mittlerweile acht Personen umfassende Geschäftsführung verfügt über Experten in den Bereichen „Recht", „Technik & Umwelt" und „Kommunikation und Internet". Weitere Mitarbeiterinnen befassen sich mit Rechercheaufgaben sowie mit der Tagungs- und Kongressorganisation.

VII.3   Die Verbandsarbeit

Alles in allem hinterließ Hauptgeschäftsführer Dietrich Fabricius seinem Nachfolger Ansgar van Haltern ein gut aufgestelltes Haus. Dennoch erforderte das sich rasch ändernde wirtschaftliche, technische und politische Umfeld neue Akzentsetzungen. Zu diesen zählt das 1994 erstmals publizierte „Handbuch

Abb. 48: Dr. Ralf Schelbach, Vositzender 2008 - 2010 (IVK-Archiv, Düsseldorf).

Abb. 49: Dr. Boris Tasche, Vorsitzender seit 2010 (IVK-Archiv, Düsseldorf).

Abb. 50: Ansgar van Halteren, (Haupt-) Geschäftsführer seit 1992 (IVK-Archiv, Düsseldorf).

Klebstoffe". Es beinhaltete neben wissenswerten Brancheninformationen auch Portraits der einzelnen Mitgliedsfirmen. Seine beachtliche Auflage in Höhe von 4.000 Exemplaren war schon nach wenigen Monaten vergriffen. Seither wurde es mehrfach neu aufgelegt und auch ins Englische übersetzt. Das Handbuch löste einen „Klassiker" verbandsinterner Kommunikation ab: die „Wichtigen Zahlen".

Seit Mitte der 1990er Jahre setzte der IVK den Themenschwerpunkt „sustainable development" auf seine Agenda und verabschiedete auf der Mitgliederversammlung 1997 eigens verbandsverbindliche Umweltleitlinien. In dem Zusammenhang ist auch die 1997 ins Leben gerufene Gemeinschaft emissionskontrollierte Verlegewerkstoffe (GEV) zu sehen. Sie befasst sich mit der Luftbelastung von Innenräumen, die von der Verlegung von Bodenbelägen stammt. Der von ihr kreierte Standard EMICODE® erfreute sich allgemeiner Akzeptanz, sogar bei den kritischen Geistern des Bundesgesundheitsamtes, der Stiftung Warentest oder Greenpeace.

Im Jahr 2002 beschloss der Verband das Programm „Qualifizierte Markterweiterung" (QME). Dahinter verbarg sich zum einen die Kampagne „Faszination Klebstoffe". Sie zielte darauf ab, die überraschenden Seiten von Produkt und Branche ins öffentliche Bewusstsein zu rücken. Zum anderen suchte man die engere Kooperation mit wissenschaftlichen Instituten, Messen und Kongressen sowie mit Organisationen, die sich ihrerseits mit Verbindungstechniken befassten. Schließlich plante der Vorstand unter der Rubrik „Branchenkompetenz aus 1. Hand" Seminare zu speziellen Themen anzubieten. Alle Schritte sollten die Programmbezeichnung Wirklichkeit werden lassen und den Mitgliedsfirmen Perspektiven einer qualifizierten Markterweiterung eröffnen.

Über Mangel an Arbeit konnten sich van Halteren und sein Team zu keiner Zeit beklagen. Dabei gingen sie alle weite Wege. Allein 1997 spulten die Mitarbeiter über 100.000 km ab, um knapp 300 Sitzungen organisatorisch zu begleiten.

Abb. 51: Geschäftsführung des Industrieverband Klebstoffe e. V. um 1993 (IVK-Archiv, Düsseldorf). Von links nach rechts: Ansgar van Halteren, Sabine Pollmann, Ralf Kriegler, Anja Sommerauer, Ingrid Berghoff, Klaus Winkels, Sabine Kriegel.

Abb. 52: Vorstand des Industrieverband Klebstoffe e.V., 2015 (IVK-Archiv, Düsseldorf). Von links nach rechts: Peter Rambusch, Olaf Memmen, Dr. H. Werner Utz, Dr. Thomas Pfeiffer, Dr. René Rambusch, Dr. Bernhard Momper, Dr. Boris Tasche, Dr. Joachim Schulz, Klaus Kullmann, Dr. Rainer Schönfeld, Ansgar van Halteren, Stephan Frischmuth, Klaus Becker-Weimann, Torsten Nitzsche.
(Es fehlen: Antje Gerber, Dr. Rüdiger Oberste-Padtberg).

Konzeptionell durchdacht und proaktiv: die künftige Öffentlichkeitsarbeit

„Es bedarf einer deutlich verbesserten Darstellung des Verbandes und seiner Industrie in der Öffentlichkeit", mahnte der frisch gekürte Vorsitzende Arnd Picker in der Vorstandssitzung im September 1992 an. Ihn störte, dass die Produktgruppe, die Branche und der Verband zu wenig wahrgenommen würden und wenn, dann vor allem im Zusammenhang mit vermeintlichen Gesundheits- oder Umweltgefährdungen. Bad news are good news – diesen Grundsatz des modernen Marketings ließ Arnd Picker nicht gelten.

Vielmehr forderte er eine konzeptionell durchdachte, proaktive Öffentlichkeitsarbeit. Sie sollte unaufdringlich aber selbstbewusst die technischen Qualitäten und vielfältigen Verwendungsmöglichkeiten von Klebstoffen herausstellen, über das wirtschaftliche Potential der Industrie informieren und auf den Verband als kompetenten Ansprechpartner verweisen. Konzeptionell durchdacht bedeutete in dem Zusammenhang, dass der Verband klar die Ziele seiner PR-Strategie formulierte, verschiedene Kommunikationsformate entwickelte, konkrete Inhalte erarbeitete und geeignete organisatorische Strukturen schuf.

Die von Picker geforderte proaktive Öffentlichkeitsarbeit sollte frühzeitig aufkommende öffentliche Diskussionen oder geplante Gesetzesvorhaben erfassen. Hierzu gelte es Position zu beziehen, eine überzeugende Argumentation zu erarbeiten und diese in geeigneter Form gegenüber Politikern, Wissenschaftlern, Organisationen oder der Öffentlichkeit zu vertreten. Bislang sei der Verband allzu häufig von unliebsamen Themen überrascht worden und hätte meist verspätet, zuweilen auch ungeschickt reagiert. In Zukunft müsse sich der IVK frisch, dynamisch und jedweder Herausforderung gegenüber aufgeschlossen präsentieren. Dabei dürfe auch der konstruktive Dialog mit kritischen Akteuren wie dem Umweltbundesamt, Verbraucherschützern oder Greenpeace nicht gescheut werden. Überdies sei es dringend geboten, eigene inhaltliche Akzente zu setzen, beispielsweise indem man ansprechende „stories" über Klebstoffe erzähle.

Mit Arnd Pickers Initiative, die der Vorstand und die neue Geschäftsführung unter Leitung von Ansgar van Halteren vorbehaltlos unterstützten, nahm der Verband die Herausforderung der modernen Mediengesellschaft entschlossener als bisher an. Konkret bedeutete das:

1. *Etablierung neuer organisatorischer Strukturen:* Auf die wachsende Bedeutung öffentlicher Kommunikation reagierte der Vorstand mit der Gründung eines speziellen Gremiums. Erstmals tagte am 30.11.1992 der Ausschuss für Öffentlichkeitsarbeit. Die Früchte seiner Beratungen, u. a. das neue Erscheinungsbild des Verbandes und ein schlüssiges Konzept für die künftige Pressearbeit, überzeugten den Vorstand. Folgerichtig erhob er den Ausschuss 1994 in den Rang eines Beirates, der ihm direkt unterstand und auch einen Vertreter in das höchste Verbandsgremium entsandte.

2. *Entwicklung eines frischen corporate designs:* Seit dem Sommer 1993 präsentierte sich der Verband in neuem Gewand. Der Namenszug Industrieverband Klebstoffe e. V. schmückte nunmehr gemeinsam mit einem eigenen Logo Briefköpfe, Einladungsschreiben, Plakate u. a. m. Im Stile moderner Marketingkonzepte hatte sich der IVK ein unverwechselbares Erscheinungsbild zugelegt.

3. *Nutzung neuer Kommunikationsformate:* Über eigene Pressekonferenzen versuchte der IVK, gezielt Informationen zu lancieren. Zwar fiel die Resonanz angesichts des allgemeinen Wettbewerbs um öffentliche Aufmerksamkeit bisweilen ernüchternd aus. Insbesondere in der Frühphase saß man auch schon mal im sehr kleinen Kreise beisammen. Allerdings dokumentieren die alljährlichen Presseübersichten, dass die Öffentlichkeitsarbeit auf lange Sicht Früchte trug. Mit dem Magazin „Kleben fürs Leben" kam man dem Leitbild „Faszination Kleben" schon recht nahe. Die Ausgabe vom Mai 2014 beispielsweise informiert in unterhaltsamer und lehrreicher Weise über die Kunstform „Tape Art", Harz und Handball, die Fixierung von Kunstrasen beim Hockey oder auch über den Einsatz von Klebstoffen bei der Haarverlängerung. In kluger Voraussicht reservierte sich der IVK frühzeitig die Internetdomains „Klebstoff.com" und „Klebstoffe.com", ehe er im März 1998 seine eigene Homepage im Netz freischaltete. Seither wurde der Internetauftritt mehrfach „aufgefrischt" und erfreut sich aktuell respektabler 5.000 Zugriffe pro

Monat. Die Attraktivität ist auch auf Besonderheiten wie das im März 2003 freigeschaltete Presseportal und die Jobinitiative „Komm kleben" zurückzuführen.

4. *Kooperation mit Medienpartnern:* Der IVK setzte die Zusammenarbeit mit den Wissenschaftsredaktionen der öffentlich-rechtlichen wie auch der privaten Sendeanstalten fort. Im Jahr 2000 erschien in der populären WDR-Reihe „Quarks & Co" eine äußerst gelungene Folge über die „Kunst des Klebens". Der bekannte Wissenschaftsjournalist Ranga Yogeshwar führte durch die humorig und lehrreich gestaltete Sendung. Eindrücklich zeigte man in Alltagsszenen, was alles passieren kann, wenn der Klebstoff an Wirkkraft einbüßt. Der Plot erregte übrigens erstmals in einem Werbefilm der Firma Henkel 1960 große Aufmerksamkeit.

5. *Erarbeitung neuer Inhalte:* Mit dem fast schon als Lifestyle-Magazin zu charakterisierenden Heft „Kleben fürs Leben" gelingt es dem IVK seit knapp zehn Jahren, griffige Themen rund um Klebstoffe aufzubereiten. Am Beispiel von Alltagsgegenständen wie Fernsehen, Planschbecken, Schwimmreifen, Schultüte oder Aquarien lassen sich die Qualitäten von Klebstoffen anschaulich erläutern.

6. *Zielgruppe Lehrer und Schüler:* Aufwändig waren auch die Unterrichtsmaterialien gestaltet, die aus der bereits erwähnten WDR-Sendung „Kunst des Klebens" entwickelt wurden.

Des Weiteren gelangte der Foliensatz „Klebstoffe" 2002 mit einer beachtlichen Auflage von 12.500 Exemplaren in die Schulen. Finanziert wurden diese Initiativen vom Fonds der Chemischen Industrie und vom Technischen Fonds des IVK. Der Technische Ausschuss stellte zudem Mittel für einen Referenten bereit, der einschlägige Lehrerfortbildungen gestaltete. Am 31.10.2002 wurde auf dem Landeslehrerkongress NRW in Düsseldorf das Schwerpunktthema „Klebstoffe" behandelt. Der IVK selbst war mit einem Stand vor Ort und in seinem Auftrag stellte Prof. Groß den Foliensatz vor.

Als weitere Maßnahme gab es den Wettbewerb in Nordrhein-Westfalen „Chemie entdecken" mit dem Modul „Kleber bärenstark". Knapp 3.000 Schülerinnen und Schüler aus Nordrhein-Westfalen, Niedersachsen und Hessen beteiligten sich daran.

Abb. 53: Homepage des Industrieverband Klebstoffe e. V., Stand: 12/2015 (www.klebstoffe.com).

Abb. 54: Titelblatt des Begleitheftes zur Sendung „Die Kunst des Klebens" aus der WDR-Sendereihe „Quarks & Co.", 2000 (IVK-Archiv, Düsseldorf).

Zielvorgabe: Förderung von Forschung und Ausbildung – die Kooperation mit wissenschaftlichen Einrichtungen

Die Zusammenarbeit mit wissenschaftlichen Einrichtungen verfolgte zwei gleichrangige Ziele: Forschungsförderung und Ausbildungsprogramme. Am 9.11.1993 fand die Gründungssitzung der Dechema-Fachsektion „Klebtechnik" in Frankfurt a. M. statt. Rund 80 Fachleute informierten sich über den Arbeitsausschuss „Fertigungssysteme Kleben" mit seinen Arbeitskreisen „Fertigungstechnik", „Adhäsion und Klebstoffchemie" sowie „Konstruktion und Bauteileeigenschaften". Den Ausschlag für diese Initiative gab die Lageanalyse, dass die deutsche Klebstoffindustrie im Vergleich insbesondere zu den Wettbewerbern in den USA und in Japan eine gewisse Innovationsschwäche aufzeigte. Die Aufgabe der Fachsektion bestand in der Koordination von Forschungsprojekten, der Unterstützung von interdisziplinärer Kooperation sowie der Lobby für anwendungsorientierte Forschung. Ansgar van Halteren wurde in den Dechema-Vorstand kooptiert.

Nach Überzeugung des Verbandsvorsitzenden Dr. Jürgen Wegner stellten Klebstoffe in vielfacher Hinsicht die Verbindungstechnik der Zukunft dar. „Sie sind richtig angewendet in Bezug auf Zuverlässigkeit, Haltbarkeit und Ressourcenbeanspruchung unschlagbar." Bemerkenswert an seiner Aussage ist dabei der Hinweis „richtig angewendet". Indirekt spielte Dr. Wegner damit auf Defizite bei der Ausbildung in Sachen Klebtechnik an.

Das Problem war schon länger erkannt. Bereits 1994 hatte der IVK mit dem IFAM in Bremen ein Ausbildungsprogramm für Klebfachkräfte auf den Weg gebracht. Seit Beginn des neuen Milleniums wurden in Bremen im Rahmen eines achtwöchigen Intensivkurses weltweit die ersten Klebfachingenieure ausgebildet. Bis heute haben mehr als 3.000 Personen diese Qualifizierungsmaßnahme absolviert. Auch die RWTH Aachen und das NRW-Technologie Centrum Kleben holte man für die Ausbildungsoffensive mit ins Boot. Dabei handelte es sich um ein ausgesprochen weitsichtiges Projekt. Denn rund zwanzig Jahre später forderten sowohl die Automobil- als auch Windkraftindustrie im Rahmen ihrer Normungsinitiative „Qualitätssicherung bei Klebungen" speziell für Klebverbindungen ausgebildetes Personal. Die enge und erfreuliche Zusammenarbeit

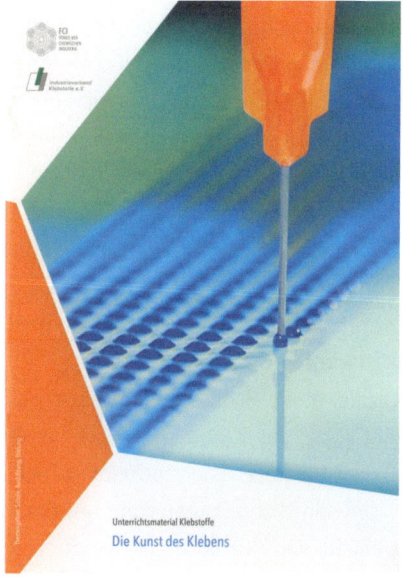

Abb. 55: Unterrichtsmaterial „Die Kunst des Klebens", Neuauflage 2015 (IVK-Archiv, Düsseldorf).

mit dem IFAM führte schließlich 2002 zu dessen Aufnahme in den IVK als assoziiertes Mitglied.

Licht und Schatten: das Verhältnis zwischen dem IVK und der FEICA

Licht und Schatten prägten die Beziehungen zwischen dem IVK und der FEICA während der vergangenen 25 Jahre. Unbestreitbaren Errungenschaften wie die 1994 eingeführte europäische Klebstoffstatistik, die erstmals einen verlässlichen Branchenüberblick innerhalb der gesamten Staatengemeinschaft gewährte, standen Dissonanzen in organisatorischen Fragen gegenüber. Ein Streitpunkt bezog sich auf die Direktmitgliedschaft multinationaler Unternehmen bei der FEICA. Der europäische Verband drängte darauf, um einerseits seine Einnahmenseite zu stärken und andererseits sich von den nationalen Verbänden emanzipieren zu können. Dabei hatte man wohl insbesondere den IVK im Blick. In dessen Interesse lag eine Direktmitgliedschaft multinationaler Unternehmen bei der FEICA keineswegs. Allerdings konnte sich der Vorstand auf lange Sicht den

pragmatischen Argumenten für eine solche Lösung nicht widersetzen. Daher kam es zu einer „Zweikammer-Lösung"; in der einen Kammer sind die nationalen Fachverbände vertreten, in der anderen die multinationalen Konzerne.

Ernsthafte atmosphärische Eintrübungen ergaben sich aus dem erkennbaren Bemühen des europäischen Verbandes, eine eigenständige Geschäftsführung in Brüssel zu etablieren. Lange wehrte sich der IVK gegen dieses Vorhaben, wobei er als beitragsstärkster nationaler Verband durchaus großen Einfluss in den Führungsgremien der FEICA geltend machen konnte. Gleichwohl musste man auch in diesem Punkt nachgeben und 2006 schweren Herzens der Trennung von nationaler und europäischer Geschäftsführung zustimmen.

Sehr erfreulich entwickelte sich indes die europäische Zusammenarbeit im eigentlichen Kernsektor der Verbandstätigkeit: der Klebtechnik. Das 2001 gegründete European Technical Board (ETB) bot Vertretern der nationalen Technischen Ausschüsse ein geeignetes Forum, um sämtliche Fragen rund um Klebstoffe und Klebtechniken zu erörtern. Angesicht der Flut europäischer Richtlinien auf diesem Feld handelt es sich um eines der wichtigsten FEICA-Gremien.

Ein halbes Jahrhundert! Die 50-Jahr-Feier des IVK 1996 in München

Jubiläumsfeiern sind stets ein Statement; ihre inhaltliche wie äußere Ausgestaltung legen Zeugnis über das Selbstverständnis des Jubilars ab. Das gilt auch für die Feier anlässlich des 50-jährigen Bestehens, welche der IVK als Chance nutzte, sich einem breiten Publikum zu präsentieren.

Der Vorstand hätte kaum einen passenderen Ort als das Deutsche Museum in München für die Jubiläumsveranstaltung wählen können. Das wohl bekannteste Museum Deutschlands, welches Wissenschaft, Technik und Wirtschaft in einzigartiger Weise zusammenführt, gab eine ebenso vorteilhafte wie den Verband trefflich charakterisierende Bühne ab.

Beim Veranstaltungsformat entschied sich der Vorstand für eine eher bescheidene Variante, was für einen Verband seines Zuschnitts durchaus angemessen ist. Die Festveranstaltung umrahmte ein musikalisches Begleitprogramm mit Klavierstücken von Chopin. Als Festredner vermochte man Professor

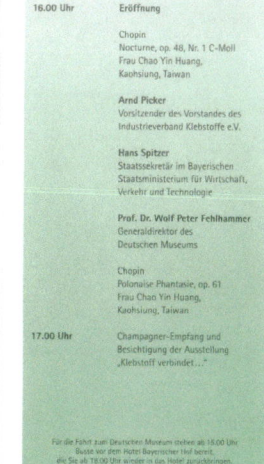

Abb. 56: Einladungskarte zum Festakt der Ausstellungseröffnung „Klebstoff verbindet" am 31.5.1996 im Deutschen Museum, München (IVK-Archiv, Düsseldorf).

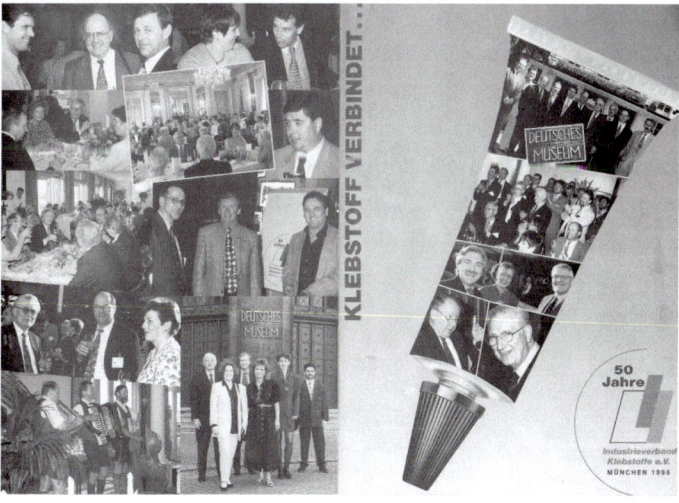

Abb. 57: Broschüre „Klebstoff verbindet" anlässlich des 50-jährigen Jubiläums des Industrieverband Klebstoffe e.V. (IVK-Archiv, Düsseldorf).

Abb. 58: Vorstand des Industrieverband Klebstoffe e.V. auf der 50-Jahr-Feier in München, 1996 (IVK-Archiv, Düsseldorf). Von links nach rechts: Christoph R. Engelbrecht, Michael Kriesten, Dr. Peter Pfeiffer, Dr. Günter Arend, Arnd Picker, Dr. Hermann Lagally, Dieter A. Hechenberger, Dr. Rainer Vogel, Ansgar van Halteren, Peter Rambusch.
(Es fehlen: Dr. Wilhelm Eib, Dieter Henkel, Erhard G. Mohr, Dr. H. Werner Utz).

Brockmann, Direktor des IFAM und einer der profiliertesten Experten auf dem Gebiet der Klebtechnik, zu gewinnen. In seinen Ausführungen nahm Professor Brockmann die Zuhörer mit auf eine tour d'horizon über das „Kleben zwischen Ikarus und Space-Shuttle". Etliche prominente Gäste, genannt seien u. a. Hans Spitzer, Staatssekretär des bayerischen Staatsministeriums für Wirtschaft, Technologie, Verkehr, und der Generaldirektor des Deutschen Museums, Prof. Dr. Fehlhammer, adelten die Veranstaltung und den Jubilar gleichermaßen.

Begleitend zum Jubiläum wurde die eindrucksvolle Ausstellung „Klebstoff verbindet" eröffnet. Sie illustrierte die jahrtausendealte Kulturgeschichte von Klebstoffen und ihrer Anwendung. Die Erarbeitung der Ausstellung bildete zugleich die Grundlage für die bislang einzige wissenschaftlich einschlägige Monographie, die Katrin Cura als Dissertation 2005 publizierte.

VIII Vom Arbeitstreffen zum „Familientreffen": Die Jahrestagungen und Mitgliederversammlungen

VIII.1 Die organisatorische und programmatische Ausgestaltung der Jahrestagungen

Dreh- und Angelpunkt des Geschäftsjahres bilden die Jahrestagungen einschließlich der Mitgliederversammlungen. Anfangs reine Arbeitstreffen, entwickelten sie sich über die Jahre zu einem mehrtägigen Event, welche geschäftliche Belange mit geselligen und kulturellen Programmpunkten aufs Angenehmste zusammenführten. Die inhaltliche und äußere Gestaltung der Jahrestagungen spiegelt zum einen das sich ändernde Selbstverständnis des Fachverbandes wider, zum anderen lassen sich an ihr gesellschaftliche Wandlungen auf charmante Weise ablesen.

Die Tagungsorte

Die ersten Treffen in Detmold (1949) und Heidelberg (1950) muteten, den Umständen entsprechend, noch recht spartanisch an. Aber bereits 1951 erlaubte die Kassenlage, noblere Herbergen bevorzugt in beschaulichen Kurorten oder kleineren Städten zu buchen. Bei deren Auswahl achtete der Vorstand darauf, dass jeweils die verschiedenen Regionen Deutschlands berücksichtigt wurden, um die Last der An- und Abreise einigermaßen gerecht zu verteilen. In den 1950er und 1960er Jahren gestaltete sich die Suche eines geeigneten Tagungshotels zunehmend schwierig, da nur wenige die wachsende Zahl an Teilnehmern von 100 und mehr Personen beherbergen konnten. Der Fachverband wurde gewissermaßen Opfer seines eigenen Erfolges. Erst seit den 1980er

Jahren verfügte das bundesdeutsche Hotelgewerbe über ausreichende Kapazitäten, sodass die ärgerliche Verteilung der Mitglieder auf mehrere Häuser der Vergangenheit angehörte. In jener Zeit entschied der Vorstand, dass künftig größere, gut erreichbare Städte für die Jahrestagungen ausgewählt werden sollten.

Zu den beliebtesten und daher am häufigsten gebuchten Tagungsorten zählten in den frühen Jahren Garmisch-Partenkirchen und Husum, später zog es den Verband des Öfteren nach Bremen. Die Jahrestagung in West-Berlin 1983 fiel aufgrund der dürftigen Teilnehmerzahl aus dem Rahmen. Etliche Verbandsmitglieder hatte wohl die beschwerliche Anreise abgeschreckt. Daher plante der Vorstand keine Veranstaltung mehr in der Inselstadt. Erst nach der deutschen Einheit hielt der Industrieverband wieder Jahrestagungen in der Bundeshauptstadt ab, erstmals 1993. Auch andere ostdeutsche Metropolen wie Leipzig oder Dresden dienten nun wiederholt als Tagungsorte.

Bei seiner ersten Visite im „Elbflorenz" beeindruckte der auf mehrere hundert Millionen DM veranschlagte Wiederaufbau der Frauenkirche Vorstand und Mitgliederversammlung zutiefst. Getragen von einer privaten Stiftung, signalisierte das Projekt neben seiner eigentlichen Aufgabe – Errichtung eines Sakralbaus von herausragender kultureller Bedeutung – ein bürgerlich-zivilgesellschaftliches Engagement, das seinesgleichen suchte. Mit beidem konnte sich der Industrieverband uneingeschränkt identifizieren. Daher entschloss sich der Vorstand, das Vorhaben und die Stiftung unter Leitung des weltberühmten Trompeters Ludwig Güttler mit einem finanziellen Beitrag in Höhe von 1.500 EUR zu unterstützen.

Das Tagungsprogramm

An der ursprünglichen Ablaufstruktur der Jahrestagungen hielt der Vorstand über die Zeit hinweg im Wesentlichen fest. Zu Beginn des Treffens, üblicherweise ein Mittwoch, zog sich das Leitungsgremium zurück, um nochmals über die anstehenden Punkte zu beraten. Auch der Technische Ausschuss und die Technischen Kommissionen tagten in aller Regel frühzeitig. Am Donnerstag standen dann Sitzungen der Arbeitskreise und die Mitgliederversammlung auf dem Programm. Dabei stellte die steigende Anzahl an Gremien die

Abb. 59a: Ruine der Frauenkirche in Dresden, 1957 (BArch B 183-60015-002 / Giso Löwe).

Abb. 59b: Frauenkirche in Dresden, 2006 (BPA Bild 145-00097088 / Andrea Bienert).

Abb. 60: Stifterbrief des Industrieverband Klebstoffe e.V., 1994 (IVK-Archiv, Düsseldorf).

Geschäftsführung vor eine durchaus anspruchsvolle Koordinationsaufgabe. Im Jahr 1973 führte man als neues Format eine Sitzung aller Arbeitskreise ein. In diesen Treffen behandelte man Themen, die alle Sparten gleichermaßen betrafen. Bei der ersten Zusammenkunft standen etwa Fragen der Fertigpackungsregeln, der Normierung und Haftung auf der Tagesordnung.

Auf der Mitgliederversammlung, Höhepunkt des geschäftlichen Programms, erläutern der Vorsitzende und der Geschäftsführer die relevanten Entwicklungen und Verbandsaktivitäten des jeweils zurückliegenden Jahres. Lässt man die Rechenschaftsberichte der Vorsitzenden über die Jahrzehnte hinweg Revue passieren, fällt zweierlei auf: zum einen weicht der ursprünglich sehr pointierte bis polemische Duktus hinsichtlich politischer Ereignisse einer moderateren, fast schon diplomatischen Ausdrucksweise. Dieser Stilwandel entspricht dem in der öffentlichen Kommunikation generell zu beobachtenden Trend. Zum anderen zeigen die Berichte seit den 1970er Jahren einen klar strukturierten, kaum variierten Aufbau. Offenkundig hatte man ein bewährtes, pragmatisches Konzept gefunden.

In früheren Zeiten referierten auch die Obleute der verschiedenen einzelnen Arbeitskreise über ihre Tätigkeit im abgelaufenen Geschäftsjahr. Zuweilen berichtete ein Vertreter des VCI über die allgemeine wirtschaftliche Situation der chemischen Industrie. Schließlich vervollständigten die üblichen verbandsrechtlich vorgeschriebenen Tagesordnungspunkte wie Kassenbericht, Wahlen etc. das Programm der Mitgliederversammlung.

VIII.2 Stets auch ein geselliges Ereignis – Damenreden, Festvorträge, Galaabende und Ehrenmitglieder

Die geselligen Programmpunkte

Getreu dem Motto „erst die Arbeit, dann das Vergnügen" bereicherten neben den geschäftlichen auch gesellige Elemente das Programm der Jahrestagungen.

Der Wandel vom Arbeitstreffen hin zum „Familientreffen" vollzog sich mit der Feier anlässlich des zehnjährigen Bestehens 1955 in Bad Neuenahr. Erstmals lud der Fachverband die Gemahlinnen ein, für die er ein eigenes „Damenprogramm" erstellte. Die Begrüßungsabende am Tag der Anreise klangen in früheren Zeiten mit einem Cocktailempfang aus; seit 1984 arrangierte der Verband ein gemeinsames Abendessen.

Ein festlicher Gesellschaftsabend rundete die Jahrestagung ab und sollte fortan zum Bestandteil der alljährlichen Zusammenkünfte zählen. Entsprechend der festgelegten Kleiderordnung erschienen die Damen im Abendkleid und die Herren im Abendanzug, weißem Hemd und mit Fliege. Seit 1968 galt der Smoking statt des Abendanzugs als verbindlicher Dresscode. Es wurde zum Tanz aufgespielt, wobei die musikalische Umrahmung nicht immer die Gäste zufrieden stellte. So vermerkt ein Vorstandsprotokoll aus dem Jahre 1975, dass die engagierte Combo ihre dünne Besetzung „durch übermäßige Lautstärke" kompensiert hätte. Zu Beginn des neuen Jahrtausends legte der Vorstand fest, den Gesellschaftsabend nur noch alle drei Jahre abzuhalten.

Bekanntlich erlangte der Sport im ausgehenden 20. Jahrhundert gesellschaftliche Akzeptanz auch in sogenannten „besseren Kreisen". Diesem Trend hat sich der IVK angeschlossen. So richtete er im Rahmen der Jahrestagung 1999 in Prien am Chiemsee ein Golfturnier aus. Als Sieger der „Klebstoff-Golf-Tour 1999" nahm Dr. Hannes Frank eine Flasche Champagner entgegen. Für „König Fußball" ließ man 2006 sogar den Galaabend ausfallen – er kollidierte mit dem Eröffnungsspiel der deutschen Nationalmannschaft gegen Costa Rica. Vier Jahre später organisierte man ein public viewing am Begrüßungsabend. Kaum vorstellbar, dass zu Zeiten von Fritz Walter und Uwe Seeler die Verbandsoberen ebenso entschieden hätten.

Im Laufe der 1950er Jahre stiegen die Kosten für die Jahrestagungen beachtlich an. Kam man 1953 noch mit bescheidenen 2.000 DM aus, so musste 1961 bereits der zehnfache Betrag aufgewendet werden. Kritische Stimmen hinterfragten diese Kostenexplosion, was zu einigen Sparmaßnahmen führte. Offenkundig stellten die Getränke einen relevanten Ausgabenposten dar, weshalb man seit 1961 eine begrenzte Zahl an Getränke-Bons pro Person austeilte. Aphorismen und dem jeweiligen Zeitgeist entlehnte Witze hübschten diese

Abb. 61: Getränkebon-Heftchen mit launiger Beschriftung, 1960er Jahre (IVK-Archiv, Düsseldorf).

Bon-Heftchen auf, womöglich um von ihrer limitierenden Funktion abzulenken. Als weitere Sparmaßnahme beschloss der Vorstand 1963, dass die vom Verband getragene Damenfahrt nicht mehr mit dem Taxi, sondern mit dem Bus erfolgen sollte. Der gesellige Charakter dürfte dadurch eher gewonnen haben. Zwei Jahre später empfahl Vorstandsmitglied Haarmann, die Jahrestagungen zu straffen und damit auch kostengünstiger zu gestalten. Allerdings stieß sein Vorstoß nur auf geringe Fürsprache und wurde nicht weiter verfolgt. Neuerliche Sparmaßnahmen im Jahr 1979 betrafen das jeweils donnerstags abgehaltene „Herrenessen", die abschließende Kaffeerunde bei der Damenfahrt und die obligatorischen Präsente für die Gemahlinnen. Die eingesparten Mittel ermöglichten die dringend erforderliche personelle Aufstockung der Geschäftsführung.

Damenprogramm und Damenrede

Die ursprüngliche Rollenverteilung der Geschlechter war ebenso eindeutig wie traditionell. Während die Herren „im Schweiße ihres Angesichts" in den Gremien diskutierten, so ein launig aufgelegter Max Schumacher in seiner Begrüßungsrede 1955, genossen die Damen ein ansprechendes kulturelles Begleitprogramm. Es liest sich über die Jahre hinweg wie ein Leitfaden des gehobenen

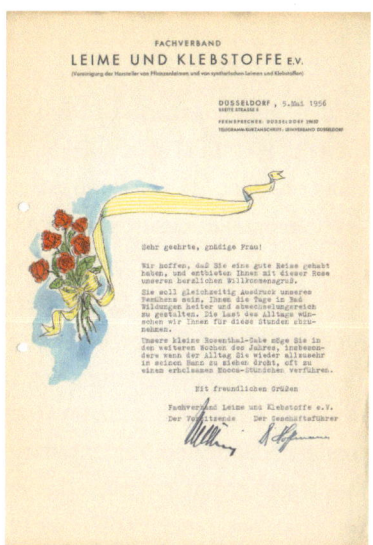

Abb. 62: Einladungskarte zum Damenprogramm mit floralem Motiv, 1956 (IVK-Archiv, Düsseldorf).

Abb. 63: Einladungskarte zum Damenprogramm mit Maskenballmotiv, 1966 (IVK-Archiv, Düsseldorf).

Bildungstourismus. Besucht wurden u. a. der Rheinfall von Schaffhausen, das Kloster Maria Laach, die Zugspitze, das Künstlerdorf Worpswede oder die weltberühmte Stiftsbibliothek in St. Gallen nebst dem weniger berühmten Textilmuseum.

Die graphische und textliche Gestaltung der Einladungskarten zum Damenprogramm veranschaulichen den Geschmack der jeweiligen Zeit. So zierte 1956 ein klassisch florales Motiv das Schreiben. Dem Text ist zu entnehmen, dass den Damen als Präsent ein Mocca-Service – Mocca darf gewissermaßen als Espresso der fünfziger Jahren gelten – aus dem Hause Rosenthal überreicht wurde.

Auch die Einladungskarte des Jahres 1966 verdient eine eingehendere Betrachtung. Sie zeigt, wohl in Anspielung auf den mittelalterlich geprägten Tagungsort Rothenburg o. d. Tauber, eine höfische Szene, bei der ein junger Edelmann der Dame den Hof macht. Er entzündet ihre Zigarette vermutlich in der

Hoffnung, auch ihr Herz zu entflammen. Die kokette Haltung der Dame lässt indes Zweifel an seinen Chancen aufkommen

Beispielhaft für die Ästhetik der 1970er sei die Einladungskarte des Jahres 1975 vorgestellt. Die mondän gekleideten Damen mit Hut und Fuchs spielen als Hommage auf die „goldenen Zwanziger" an. Eigentümlich ist der Kontrast zu den Fachwerkhäusern im Hintergrund, die auf den Veranstaltungsort verweisen.

Den Gesellschaftsabend bereicherte zudem die sogenannte „Damenrede", eine heutzutage weitgehend an den Rand gedrängte Textgattung. Leider weiß die kultur- wie literaturgeschichtliche Forschung wenig über sie zu berichten. Aber so viel darf als gesichert gelten: Die Wurzeln der Damenrede reichen in die Adelswelt des 18. Jahrhunderts zurück, wo sie bei Bällen und anderen Festveranstaltungen gepflegt wurde. Im 19. Jahrhundert adaptierten Studentenverbindungen und bürgerliche Honoratiorenvereine dieses Format und tradierten es bis weit ins 20. Jahrhundert. So auch der Fachverband Leime und Klebstoffe e. V.

Gehalten meist von einem Vorstandsmitglied, huldigt sie den Damen, ihrem liebenswürdigem und angenehmen Wesen, welches den Männern den allzu herben Arbeitsalltag verzaubert. Bei Ernst Georg Matthes liest sich das in seiner Damenrede aus dem Jahre 1968 folgendermaßen:

„Ein Gruß an Sie, geliebte Damen!
Ich darf mit Versen Sie umrahmen
und habe mir dabei gedacht,
zu huldigen all Ihrer Pracht,
die unser heutiges Menü
so festlich macht, so schön wie nie."

Neben der Prosa bot sich wie im zitierten Beispiel auch die Lyrik an. Inhaltlich suchten etliche Redner eine Brücke zwischen der holden Weiblichkeit und der Klebstoffbranche zu schlagen.

„Man spricht von der Beständigkeit,
von Haftung und der Festigkeit,
Und diese Worte treffen zu,
Auf Damen und den Leim partout"

Abb. 64: Einladung zum Damenprogramm, mondäne Variante, 1975 (IVK-Archiv, Düsseldorf).

Alljährlich wurde ein Vorstandsmitglied mit sanftem Nachdruck gebeten, eine solche Damenrede zu halten. Wie Dr. H. Werner Utz für die spätere Zeit berichtete, traf es meist eines der frisch gewählten oder jüngeren Vorstandsmitglieder. Der Zungenschlag einer Damenrede war stets launig, zuweilen auch selbstironisch, ganz im Stile populärer Conférenciers wie Peter Frankenfeld oder Hans-Joachim „Kuli" Kulenkampff.

Eine aufschlussreiche Fußnote ist aus dem Jahr 1974 zu berichten. Damals schlug Frau Püchner-Kurth, regelmäßige Teilnehmerin der Jahrestagungen und Mitglied diverser Arbeitskreise, ihren Kollegen vor, den Spieß doch einmal umzudrehen. Sie könnte auf der nächsten Mitgliederversammlung eine Herrenrede halten. Leider ist diese Quelle nicht überliefert – aber es zeigt, dass man mittlerweile dem Format mit unverkennbarer Selbstironie begegnete.

Aufgrund des gesellschaftlichen Wandels, der voranschreitenden Emanzipation und vielleicht auch der nur teilweise gelungenen rhetorischen Darbietungen – Letzteres entzieht sich der Quellenüberlieferung – schien sich die Damenrede mit den Jahren überlebt zu haben. Erstmals sprach sich Dieter Henkel von den Tivoli-Werken auf einer Vorstandssitzung 1994 dafür aus, diesen Programmpunkt fallen zu lassen. Allerdings vertrat er eine Minderheitenposition, wie die nachfolgende Abstimmung offenbarte: die anderen Herren, sieben an der Zahl,

wünschten auch künftig die Damenrede im Programm. Endgültig verabschiedete sich der IVK erst 2007 davon.

Der Blick über den Tellerrand: Gastvorträge zu Themen der Zeit

Deutlich ernsthafter und kulturgeschichtlich ebenfalls erhellend, fielen die Ausführungen der seit 1953 eingeladenen Gastreferenten aus. Renommierte Wissenschaftler wie der Theologe Paul Thielicke oder der Physiker Pascual Jordan trugen über ein „zeitnahes, nicht fachgebundenes Thema" vor. Die Liste der Gastvorträge bietet ein eindrucksvolles Panoptikum jener Themen, die in den vergangenen Jahrzehnten en vogue waren und die Gemüter beschäftigten.

Frühe natur- und technikwissenschaftliche Ausführungen beispielsweise zur Elektronenmikroskopie oder Nukleartechnologie dokumentieren den ungebrochenen Fortschrittsoptimismus und das Interesse an Innovationen auf ganz verschiedenen Forschungsfeldern. In den späteren Jahren rückten eher politische und gesellschaftsanalytische Themen in den Fokus. Genannt seien Referate zur Deutschlandfrage, zum Bildungssystem oder zu den unruhigen 1960er Jahren.

Einige Vorträge spielten erkennbar auf aktuelle Ereignisse an. So darf Dr. Winterbergs Vortrag (1958) über die Perspektiven der Raumfahrt wohl als eine Reaktion auf den „Sputnik-Schock" gewertet werden, den der gleichnamige sowjetische Satellit im Westen ausgelöst hatte. Prof. Prestels Vortrag über die „Grenzen des Wachstums" nahm Bezug auf den 1972 im Auftrag des Club of Rome erstellten Meadows-Report, eine der bis heute bekanntesten Umweltanalysen überhaupt. Die neoliberale Wende im Sinne der Chicago School of Economics um Nobelpreisträger Milton Friedman diskutierte Prof. Dr. Norbert Walter 1982. Damals hatten sowohl US-Präsident Ronald Reagan als auch die britische Premierministerin Margaret Thatcher diesen wirtschaftspolitischen Kurs eingeschlagen, den auch Helmut Kohl zu folgen gedachte. Der politische Siegeszug der Grünen zu Beginn der 1980er Jahre dürfte den Vorstand bewogen haben, Prof. Kaltefleiter für einen Vortrag über die künftige Parteienlandschaft in der Bundesrepublik einzuladen.

Einen interessanten Kontrapunkt zum hektischen Wirtschaftswunder setzte Pater Hamacher im Jahre 1957. Sein Vortragstitel über den „Mut zur Muße" klingt ein wenig nach „Sabbatical". Möglicherweise wünschten ja die gleichermaßen erfolgsverwöhnten wie gestressten Unternehmer und Manager nach den rastlosen Aufbaujahren tatsächlich einige Anregungen für das Innehalten, Durchatmen und für die Reflexion.

Nicht immer scheinen die Festvorträge den Geschmack des Auditoriums getroffen zu haben. Das kann wenig verwundern, wenn so unterschiedliche Welten aufeinander prallen. Trotzdem entschied man sich Ende der 1960er Jahre nach einer eingehenden Diskussionen für die Beibehaltung dieses Programmpunktes.

Ehre wem Ehre gebührt

Auf der Mitgliederversammlung 1955 plädierte Direktor Wilhelm von den Sichel-Werken dafür, den scheidenden Vorsitzenden Max Schumacher aufgrund seiner Verdienste um den Fachverband zum Ehrenvorsitzenden zu ernennen. Wilhelms Initiative dürfte mit etlichen Vorstands- und Arbeitskreismitgliedern abgestimmt gewesen sein und stützte sich auf überzeugende Argumente. Schließlich hatte Schumacher 1946 die Neugründung eines Fachverbandes auf Provinzebene, später auf Zonen- und Bizonenebene entscheidend vorangetrieben. Auch war es ihm gelungen, den Konflikt mit den Herstellern tierischer Leime so zu moderieren, dass der Fachverband keinen Schaden litt. Daher fand Wilhelms Vorschlag einhellige Zustimmung – allein, es fehlte die satzungsgemäße Grundlage.

Tab. 14: Ehrenvorsitzende des Industrieverband Klebstoffe e.V.

Name, Vorname	Firma	Funktionen	Ehrenvorsitz
Schumacher, Max	Henkel	Vorsitzender 1950 – 1955	1955 – 1963
Müller-Born, Adolf	Henkel	Vorsitzender 1955 – 1964 Vorsitzender 1965 – 1966	1964 – 1993
Westphal, Werner	Henkel	Vorsitzender 1966 – 1980	1980 – 1991
Picker, Arnd	Henkel	Vorsitzender 1992 – 1998 Vorsitzender 2000 – 2008	seit 2012

Diese schuf man am 22.5.1964 mit der Änderung des entsprechenden § 4. Danach können auf Beschluss der Mitgliederversammlung Einzelpersönlichkeiten in Anerkennung ihrer besonderen Verdienste um den Fachverband zu Ehrenmitgliedern ernannt werden. Ihnen wird das Recht zugestanden, an Vorstandssitzungen teilzunehmen. Ehrenmitglieder, die lange Vorsitzende waren, konnte der Vorstand überdies zum Ehrenvorsitzenden ernennen. Neben Max Schumacher kam diese Anerkennung Adolf Müller-Born, Werner Westphal und Arnd Picker zu.

Die ursprüngliche Begrenzung auf nur zwei zeitgleiche Ehrenmitgliedschaften entfiel mit der Satzungsänderung 1976. Es hatte sich gezeigt, dass angesichts der beachtlichen Zahl von Personen, die sich engagiert für den Verband eingesetzt hatten, eine so enge Auswahl nicht länger zu rechtfertigen war. Daher erweiterte der IVK den Kreis seiner Ehrenmitglieder, wobei man stillschweigend davon ausging, dass die Ehrenmitgliedschaft erst mit dem Ausscheiden aus dem aktiven Dienst erfolgen sollte.

Tab. 15: Ehrenmitglieder des Industrieverband Klebstoffe e.V.

Name, Vorname	Firma	Ehrenmitglied
Schumacher, Max	Henkel	1955 - 1963
Wiese, Erwin	Tivoli	1964 - 1982
Müller-Born, Adolf	Henkel	1964 - 1993
Zoller, Heinz	Kömmerling	seit 1986
Kaiser, Friedrich	Henkel	1976 - 2001
Westphal, Werner	Henkel	1980 - 1991
Schulz, Günther	Wachler	1984 - 1988
Eib, Wilhelm	Zika L. Zimmermann	1984 - 2009
Dahs, Dr. Johannes	Henkel	seit 1992
Kömmerling, Helmut	Kömmerling	1991 - 1996
Stein, Otto	Forbo-Helmitin	1994 - 2014
Frank, Dr. Hannes	Jowat	seit 2007
Vogel, Dr. Rainer	Henkel	seit 2008
Picker, Arnd	Henkel	seit 2012

Eine weitere Form der Würdigung schuf der Vorstand mit der 2007 erstmals verliehenen „Verdienstmedaille der deutschen Klebstoffindustrie". Die bislang einzigen ausgezeichneten Personen sind Prof. Dr. Hennemann, Dr. Hannes Frank und Dr. Manfred Dollhausen.

Die Ehrung verdienter Mitglieder nach ihrem Ausscheiden aus dem aktiven Berufsleben zeigt einmal mehr, wie der Fachverband neben der wirtschaftlichen Interessengemeinschaft stets auch Züge eines gesellschaftlichen Clubs aufwies.

IX Quo vadis? Resümee und Ausblick

Eigentlich erstaunlich: selbst die pragmatischen, in erster Linie auf gegenwärtige und zukünftige Herausforderungen fixierten Unternehmen und Industrieverbände erlauben sich von Zeit zu Zeit einen Blick zurück. Nicht wenige verweisen in ihren Firmenportraits auf eine ehrwürdige Tradition, andere bereichern ihre bevorstehenden Firmenjubiläen mit ansprechend gestalteten Festschriften.

Woher rührt das Interesse an der eigenen Herkunft, an historischen Entwicklungslinien und denkwürdigen Ereignissen, an handelnden Personen früherer Tage, an deren konzeptionellen Überlegungen und konkreten Entscheidungen? Zweifelsohne dient die Auseinandersetzung mit der eigenen Vergangenheit der Selbstvergewisserung und der Identitätsstiftung. Das gilt für Individuen wie Gesellschaften, das gilt ebenso für Unternehmen und Wirtschaftsverbände. Dabei liegt es auf der Hand, dass aus der Vergangenheit keine konkreten Handlungsanweisungen oder gar Erfolgsrezepte für die Gegenwart und Zukunft abzuleiten sind. Eines aber lässt sich aus der Beschäftigung mit der eigenen Vergangenheit gewinnen – Denkanstöße.

Welche Denkanstöße bietet nun die Geschichte des Industrieverband Klebstoffe e. V.? Aus Sicht des Verfassers drängt sich vor allem die Frage nach den Faktoren auf, die für das erfolgreiche Agieren während der vergangenen sieben Jahrzehnte verantwortlich zu machen sind. Zwangsläufig schließen sich daran Überlegungen an, wie es um diese Faktoren in der Zukunft bestellt sein wird.

Im Folgenden seien vier wesentliche Faktoren benannt, die den IVK zu einem sehr gut aufgestellten Wirtschaftsverband machten:

1. *Wahrung des verbandsinternen Interessenausgleichs und der verbandsinternen Machtbalance:* Der Industrieverband Klebstoffe e. V. repräsentiert eine mittelständisch geprägte Branche, aus der ein Großunternehmen aufgrund seines wirtschaftlichen Potentials heraussticht. Es entspricht durchaus einer gewissen Logik, dass dieser „big player" auch innerhalb des Verbandes ein besonderes Gewicht beansprucht, beispielsweise

bei der Besetzung von Schlüsselpositionen. Gleichwohl birgt eine solche Konstellation Spannungspotential, weil möglicherweise die Interessen der kleineren Unternehmen keine angemessene Berücksichtigung finden. Ein inneres Zerwürfnis aus Gründen der verrutschten Machtbalance würde die Handlungsfähigkeit des IVK empfindlich beeinträchtigen. Vor diesem Hintergrund ist es als großer Erfolg zu werten, dass der Vorstand und die Geschäftsführung über all die Jahre hinweg die Machtbalance und den Interessenausgleich innerhalb des Verbandes zu wahren vermochten. Man kann in dieser Qualität fast sogar eine Lebensversicherung für den IVK erkennen.

2. *Hoher Organisationsgrad:* Über die Jahrzehnte hinweg ist es dem IVK gelungen, mehr als 90 % aller in Deutschland ansässigen Klebstoffhersteller zu repräsentieren. Sein Dienstleistungsangebot erschien den Unternehmen so attraktiv, dass zu allen Zeiten neue Firmen als Mitglieder gewonnen werden konnten. Die Diversifizierung der Mitgliederkategorien seit den 1990er Jahren trug dazu bei, dass international aufgestellte Klebstoffhersteller, Klebstoffmaschinenproduzenten und wissenschaftliche Einrichtungen nunmehr Zugang zum IVK fanden. Der beeindruckend hohe Organisationsgrad und ein Mitgliederspektrum, das den gesamten Systembereich „Kleben" einschließt, verleiht dem IVK gegenüber der Regierung, den Behörden, anderen Wirtschaftsverbänden und auch der Öffentlichkeit erhebliches Gewicht.

3. *Personelle Kontinuität und fachliche Kompetenz auf der Führungsebene:* Aufs Ganze gesehen hatte der IVK bei der Personenwahl für Vorstände und Geschäftsführung „ein glückliches Händchen" bewiesen. Gerade einmal drei (Haupt-)Geschäftsführer während siebzig Jahren dürfen in unserer schnelllebigen Zeit als ungewöhnlich gelten. In der Riege der Vorsitzenden lassen sich ebenfalls überwiegend „longrunner" ausmachen. Die Kombination von geeignetem Führungspersonal und relativ langer Amtsdauer trug wohl maßgeblich dazu bei, dass der IVK als ein solide geführter, effizient arbeitender und entwicklungsfähiger Wirtschaftsverband auftrat und immer noch auftritt.

4. *Bereitschaft zum „lebenslangen Lernen":* Eine der großen Stärken von Vorstand und Geschäftsführung bestand in der nüchternen Analyse des sich kontinuierlich verändernden wirtschaftlichen, politischen und gesellschaftlichen Umfelds. Auch wenn die Verantwortlichen keineswegs alle neuen Entwicklungen euphorisch begrüßten, hielten sie nicht starr an überkommenen Positionen fest. Vielmehr arrangierten sie sich mit dem Unvermeidlichen und bewiesen die Fähigkeit zum „lebenslangen Lernen". So sprang der IVK nach anfänglichem Zögern in den 1960er Jahren auf den europäischen Zug auf. Später stellte sich der bis dato eher verschwiegene Verband ebenso unangenehmen wie schwierigen öffentlichen Diskussionen. Die während der vergangenen drei Dekaden intensivierte Öffentlichkeitsarbeit darf einerseits als kluge Reaktion auf gewisse Imagedefizite von Klebstoffen bewertet werden. Andererseits wirbt der Verband auf diese Weise um eine ausreichende Zahl hervorragend qualifizierter Nachwuchskräfte – wohl mit Erfolg.

Industrieverbände zählen zum traditionsreichen Inventar der bundesdeutschen Wirtschaftskultur wie auch der liberalen Demokratie. Das ist keine Selbstverständlichkeit. In anderen Ländern kann der Stellenwert von Wirtschaftsverbänden wesentlich geringer veranschlagt werden. Es ist daher vorstellbar, dass die voranschreitende Globalisierung in den zunehmend international aufgestellten Managementetagen einflussreicher Firmen die Einsicht schwinden lässt, welch enorme wirtschafts- und gesellschaftspolitische Bedeutung den Industrieverbänden hierzulande zukommt. In diesem Sinne haben u. a. Dr. H. Werner Utz und auch Hauptgeschäftsführer Ansgar van Halteren ihre Bedenken geäußert. Es bleibt daher eine spannende Frage, ob die vier „Erfolgsfaktoren" des IVK auch in Zukunft Bestand haben und als Grundlage für eine perspektivreiche Verbandsarbeit dienen werden.

Diese tour d'histoire begann mit der fiktiven Gesprächsrunde ehemaliger bzw. aktueller Vorsitzender; mit ihr soll sie auch ausklingen. Aufmerksam haben die neun Herren die Verbandsgeschichte verfolgt und diskutiert. Zum Abschluss erheben sie nun die Gläser und der Älteste unter ihnen, Max Schumacher, ergreift nochmals das Wort. Sie alle seien stolz auf das Erreichte, wüssten aber, dass eine erfolgreiche Vergangenheit keine Gewissheit für die Zukunft böte. Gleichwohl sei die Runde sehr zuversichtlich und wünsche dem Industrieverband Klebstoffe e.V. einen weiterhin erfreulichen Weg, auf dass er noch einige Jubiläen werde feiern dürfen.

Verbandschronik

1890	Gründung des „Vereins deutscher Lederleimfabrikanten", Röldorf-Düren
1916	Gründung des „Verbands deutscher Pflanzenleimhersteller", Berlin-Charlottenburg
13.12.1946	Gründung der Bezirksgruppe „Nord-Rheinprovinz" des „Fachverbandes Leime, Klebstoffe und Gelatine", Düsseldorf
7.1.1947	Gründung des „Fachverbandes der Hersteller tierischer Leime e. V.", Hannover
9.4.1947	Umbenennung in „Fachverband Leime und Klebstoffe" im Wirtschaftsverband Chemie (Britisches Kontrollgebiet)
22.10.1947	Zusammenschluss der Bezirksgruppe „Nord-Rheinprovinz" des „Fachverbandes Leime und Klebstoffe" und des „Fachverbandes der Hersteller tierischer Leime" zum „Fachverband Leime und Klebstoffe im Wirtschaftsverband Chemie" (Britisches Kontrollgebiet), Düsseldorf
1949	Austritt der Firmengruppen der tierischen und Spezial-Leimhersteller aus dem Fachverband
14.12.1949	informelles Treffen zur Gründung des „Fachverbandes Leime und Klebstoffe" in Frankfurt a. M.
8.3.1950	erste Mitgliederversammlung in Heidelberg; Verabschiedung der Gründungssatzung
1950 – 1955	Vorsitzender: Max Schumacher
16.8.1951	Eintragung des „Fachverbandes Leime und Klebstoffe e. V." ins Vereinsregister beim Amtsgericht Düsseldorf
1955 – 1964	Vorsitzender: Adolf Müller-Born
1964 – 1965	Vorsitzender: Siegmund Bollmann
1965 – 1966	Vorsitzender: Adolf Müller-Born
1966 – 1980	Vorsitzender: Werner Westphal
1.1.1967	Beitritt des „Fachverbandes für Spezialleime e. V."
25.1.1968	Konstituierende Sitzung des „Verbindungsbüros der Hersteller pflanzlicher und synthetischer Leime und Klebstoffe in den Ländern der EWG", West-Berlin

4.6.1971	Feier anlässlich des 25jährigen Bestehens des „Fachverbandes Leime und Klebstoffe e. V." in Konstanz
1.7.1971	Fusion des „Verbands der Knochenleimindustrie e. V." mit dem „Verband der Hautleimindustrie e. V." zum „Fachverband Glutinleimindustrie e. V."
25.6.1972	Umbenennung des „Fachverbandes Leime und Klebstoffe e. V." in „Fachverband Klebstoffindustrie e. V."
14.11.1972	Gründung des „Verbandes Europäischer Klebstoffindustrien" (FEICA) in Rom
1.1.1976	Beitritt des „Fachverbandes der Glutinleimindustrie e. V."
1980 – 1992	Vorsitzender: Dr. Johannes Dahs
9./10.6.1988	Erster „Welt-Klebstoff-Kongress" in München
1992 – 1998	Vorsitzender: Arnd Picker
4.6.1993	Umbenennung des „Fachverbandes Klebstoffindustrie e. V. in „Industrieverband Klebstoffe e. V."
30.5.1996	Jubiläumsfeier „50 Jahre Industrieverband Klebstoffe e. V." in München
	Ausstellungseröffnung „Klebstoff verbindet ..." im Deutschen Museum in München
1998 – 2000	Vorsitzender: Dr. Jürgen Wegner
2000 – 2008	Vorsitzender: Arnd Picker
2008 – 2010	Vorsitzender: Dr. Ralf Schelbach
seit 2010	Vorsitzender: Dr. Boris Tasche

Vorsitzende

1946 – 1955	Max Schumacher
1955 – 1964	Adolf Müller-Born
1964 – 1965	Siegmund Bollmann
1965 – 1966	Adolf Müller-Born
1966 – 1980	Werner Westphal
1980 – 1992	Dr. Johannes Dahs
1992 – 1998	Arnd Picker
1998 – 2000	Dr. Jürgen Wegner
2000 – 2008	Arnd Picker
2008 – 2010	Dr. Ralf Schelbach
Seit 2010	Dr. Boris Tasche

Ehrenvorsitzende

Max Schumacher	1955 – 1963
Adolf Müller-Born	1964 – 1993
Werner Westphal	1980 – 1991
Arnd Picker	seit 2012

Ehrenmitglieder:

Max Schumacher	1955 – 1963
Erwin Wiese	1964 – 1982
Adolf Müller-Born	1964 – 1993
Friedrich Kaiser	1976 – 2001
Werner Westphal	1980 – 1991
Wilhelm Eib	1984 – 2009
Günther Schulz	1984 – 1988
Heinz Zoller	seit 1986
Helmut Kömmerling	1991 – 1996
Dr. Johannes Dahs	seit 1992
Otto Stein	1996 – 2014
Dr. Hannes Frank	seit 2007
Dr. Rainer Vogel	seit 2008
Arnd Picker	seit 2012

Geschäftsführer / Hauptgeschäftsführer

1947 – 1948	Dr. Wolfgang Lübbert
1948 – 1970	Dr. Alfred Hoffmann
1970 – 1992	Dietrich Fabricius
	Seit 1980 Hauptgeschäftsführer
1992 – heute	Ansgar van Halteren (Geschäftsführer)
	Seit 1997 Hauptgeschäftsführer

Abbildungsverzeichnis

Abb. 1: „Fall des Ikarus", Paul Peter Rubens, 1636 (Royal Museums of Fine Arts of Belgium, Brussels / photo: J. Geleyns – Ro scan). Seite 13

Abb. 2: Nachbildung des Gletschermanns „Ötzi"; Pfeilspitzen mit schwarzer Birkenpechklebung (Südtiroler Archäologiemuseum – www.iceman.it). Seite 14

Abb. 3: Frühe Fachzeitschrift für Klebstoffe: „Gelatine Leim Klebstoffe". Seite 19

Abb. 4: Werbeschild für „Syndetikon", 1901 (Stiftung Deutsches Historisches Museum). Seite 19

Abb. 5: Deckblatt „Vertrauliche Mittheilungen für den Verein deutscher Lederleimfabrikanten, April 1897" (IVK-Archiv, Düsseldorf). Seite 21

Abb. 6: Blick über die zerstörte Innenstadt von Dresden, 1945 (BArch Bild 146-1994-041-07 / o. A.). Seite 25

Abb. 7: Besatzungszonen in Deutschland, 1945 – 1949 (http://commons.wikimedia.org/wiki/File:Deutschland_Besatzungszonen_1945.png). Seite 28

Abb. 8: Entnazifizierungszertifikat für Max Schumacher vom 5.12.1947 (IVK-Archiv, Düsseldorf). Seite 33

Abb. 9: Protokoll der Gründungsversammlung des Fachverbandes „Leime, Klebstoffe und Gelatine" am 13.12.1946 (BArch Koblenz, Z 8/2493). Seite 35

Abb. 10: Adolf Müller(-Born) und Dr. Wolfgang Lübbert, erster und dritter von links, um 1948 (aus: Schöne, Manfred „Leimabteilung", S. 44-45). Seite 40

Abb. 11: Organigramm des Fachverbandes „Leime und Klebstoffe" im Britischen Kontrollgebiet 1947 – 1949. Seite 41

Abb. 12: Einladung zur ersten ordentlichen Mitgliederversammlung des Fachverbandes „Leime und Klebstoffe" (Britisches Kontrollgebiet) am 25./26.5.1948 in Detmold (IVK-Archiv, Düsseldorf). Seite 44

Abb. 13: Tagesordnungen der ersten ordentlichen Mitgliederversammlung am 25./26.5.1948 in Detmold (IVK-Archiv, Düsseldorf). Seite 45

Abb. 14: Handschriftlicher Vermerk über die Gründung des Fachverbandes Leime und Klebstoffe in Frankfurt a. M. am 14.12.1949 (IVK-Archiv, Düsseldorf). Seite 49

Abb. 15: Eintrag des „Fachverband Leime und Klebstoffe (Vereinigung der Hersteller von Pflanzenleimen und von Synthetischen Leimen und Klebstoffen) im

	Verband der Chemischen Industrie" ins Vereinsregister des Amtsgerichts Düsseldorf, 16.8.1951 (IVK-Archiv, Düsseldorf). Seite 51
Abb. 16:	Erste Satzung des „Fachverbandes – Leime und Klebstoffe e.V." vom 8.3.1950; erste und letzte Seite (IVK-Archiv, Düsseldorf). Seite 56
Abb. 17:	Organigramm des Fachverbandes Leime und Klebstoffe e. V., 1950. Seite 63
Abb. 18:	Organigramm des Fachverbandes Leime und Klebstoffe e. V., 1966. Seite 65
Abb. 19:	Organigramm des Industrieverband Klebstoffe e. V., 2015. Seite 69
Abb. 20:	Entwicklung der Mitgliederzahlen des Industrieverband Klebstoffe e. V., 1946 – 2015. Seite 71
Abb. 21:	Etatplanung für das Jahr 1948, 6.7.1948 (IVK-Archiv, Düsseldorf). Seite 75
Abb. 22:	Etat-Voranschlag für das Jahr 1950, 3.12.1949 (IVK-Archiv, Düsseldorf). Seite 75
Abb. 23:	Briefköpfe aus den Jahren 1946 – 1995 (IVK-Archiv, Düsseldorf). Seite 79
Abb. 24:	Logo des Industrieverband Klebstoffe e. V., 1993 (IVK-Archiv, Düsseldorf). Seite 80
Abb. 25:	Bundeswirtschaftsminister Ludwig Erhard liest in seinem Bestseller „Wohlstand für alle", 1957 (BArch Bild B 145-F004204-003 / Doris Adrian). Seite 85
Abb. 26:	Symbol der Aufbruchsjahre: der VW Käfer, um 1957 (Unternehmensarchiv Volkswagen Aktiengesellschaft). Seite 85
Abb. 27:	Unterzeichnung der Römischen Verträge am 25.3.1957 (BPA Bild 145-00014192 / o. A.). Seite 91
Abb. 28:	Vorsitzender Max Schumacher (1950 – 1955) im Kreise der Henkel-Geschäftsführung, stehend rechts, 1950 (Konzernarchiv Henkel AG & Co. KGaA, Düsseldorf). Seite 97
Abb. 29:	Adolf Müller-Born, Vorsitzender 1955 – 1964 und 1965 – 1966 (Konzernarchiv Henkel AG & Co. KGaA, Düsseldorf). Seite 97
Abb. 30:	Siegmund Bollmann, Vorsitzender 1964 – 1965 (Konzernarchiv Henkel AG & Co. KGaA, Hannover – ehemals Sichel-Werke). Seite 97
Abb. 31:	Werner Westphal (stehend), Vorsitzender 1966 – 1980. Sitzend von links: Dr. Konrad Henkel, Geschäftsführer Dietrich Fabricius und Hr. Schuch, um 1971 (IVK-Archiv, Düsseldorf). Seite 99
Abb. 32:	(Haupt-)Geschäftsführer Dietrich Fabricius, 1970 – 1992 (IVK-Archiv, Düsseldorf). Seite 99

Abb. 33: Rundschreiben, Kundeninformationen, „Wichtige Zahlen" – Formen der verbandsinternen Kommunikation (IVK-Archiv, Düsseldorf). Seite 101

Abb. 34: Erste Ausgabe der Fachzeitschrift „adhäsion" 1957 (Springer Fachmedien Wiesbaden GmbH). Seite 106

Abb. 35: Ankündigung eines Fachvortrags über „Klebstoffprobleme", 22.3.1955 (IVK-Archiv, Düsseldorf). Seite 109

Abb. 36: Ankündigung für eine Fachveranstaltung zur Klebtechnik am 6./7.10.1960 (IVK-Archiv, Düsseldorf). Seite 109

Abb. 37: FEICA-Logo, 1972 (www.feica.com). Seite 115

Abb. 38: Organigramm der FEICA, 1972. Seite 115

Abb. 39: Leere Autobahnen, 25.11.1973 (BPA Bild 145-00010988 / Detlef Gräfingholt). Seite 119

Abb. 40: Schreiben von Betriebsdirektor Kalbitz an Hauptgeschäftsführer Fabricius, 5.3.1990 (IVK-Archiv, Düsseldorf). Seite 127

Abb. 41: Notizzettel von Dietrich Fabricius für einen Vortrag in Schkopau / Sachsen-Anhalt am 2.5.1990 (IVK-Archiv, Düsseldorf). Seite 129

Abb. 42: Dr. Johannes Dahs, Vorsitzender 1980 – 1992 (IVK-Archiv, Düsseldorf). Seite 131

Abb. 43: Erstes Treffen des Seniorenkreises, 10.7.1974 (IVK-Archiv, Düsseldorf). Seite 131

Abb. 44: Vorstand des Fachverband Leime und Klebstoffe, 1973, nebst Frau und Sohn vom Ehrenvorsitzenden Adolf Müller-Born (IVK-Archiv, Düsseldorf). Seite 131

Abb. 45: Schreiben von Klaus-Ulrich Tolle, Bodelschwinghsche Anstalten, an die Geschäftsführung des Fachverbandes Klebstoffindustrie, 16.1.1984 (IVK-Archiv, Düsseldorf). Seite 135

Abb. 46: Arnd Picker, Vorsitzender 1992 – 1998 und 2000 – 2008 (IVK-Archiv, Düsseldorf). Seite 147

Abb. 47: Dr. Jürgen Wegner, Vorsitzender 1998 – 2000 und Dr. Rainer Vogel, Vorsitzender des Technischen Ausschusses (IVK-Archiv Düsseldorf). Seite 147

Abb. 48: Dr. Ralf Schelbach, Vositzender 2008 – 2010 (IVK-Archiv, Düsseldorf). Seite 149

Abb. 49: Dr. Boris Tasche, Vorsitzender seit 2010 (IVK-Archiv, Düsseldorf). Seite 149

Abb. 50: Ansgar van Halteren, (Haupt-)Geschäftsführer seit 1992 (IVK-Archiv, Düsseldorf). Seite 149

Abb. 51: Geschäftsführung des Industrieverband Klebstoffe e. V. um 1993 (IVK-Archiv, Düsseldorf). Seite 151

Abb. 52: Vorstand des Industrieverband Klebstoffe e.V., 2015 (IVK-Archiv, Düsseldorf). Seite 151

Abb. 53: Homepage des Industrieverband Klebstoffe e. V., Stand: 12/2015 (www.klebstoffe.com). Seite 155

Abb. 54: Titelblatt des Begleitheftes zur Sendung „Die Kunst des Klebens" aus der WDR-Sendereihe „Quarks & Co.", 2000 (IVK-Archiv, Düsseldorf). Seite 155

Abb. 55: Unterrichtsmaterial „Die Kunst des Klebens", Neuauflage 2015 (IVK-Archiv, Düsseldorf). Seite 157

Abb. 56: Einladungskarte zum Festakt der Ausstellungseröffnung „Klebstoff verbindet" am 31.5.1996 im Deutschen Museum, München (IVK-Archiv, Düsseldorf). Seite 159

Abb. 57: Broschüre „Klebstoff verbindet" anlässlich des 50-jährigen Jubiläums des Industrieverband Klebstoffe e.V. (IVK-Archiv, Düsseldorf). Seite 159

Abb. 58: Vorstand des Industrieverband Klebstoffe e.V. auf der 50-Jahr-Feier in München, 1996 (IVK-Archiv, Düsseldorf). Seite 160

Abb. 59a: Ruine der Frauenkirche in Dresden, 1957 (BArch B 183-60015-002 / Giso Löwe). Seite 163

Abb. 59b: Frauenkirche in Dresden, 2006 (BPA Bild 145-00097088 / Andrea Bienert). Seite 163

Abb. 60: Stifterbrief des Industrieverband Klebstoffe e.V., 1994 (IVK-Archiv, Düsseldorf). Seite 163

Abb. 61: Getränkebon-Heftchen mit launiger Beschriftung, 1960er Jahre (IVK-Archiv, Düsseldorf). Seite 166

Abb. 62: Einladungskarte zum Damenprogramm mit floralem Motiv, 1956 (IVK-Archiv, Düsseldorf). Seite 167

Abb. 63: Einladungskarte zum Damenprogramm mit Maskenballmotiv, 1966 (IVK-Archiv, Düsseldorf). Seite 167

Abb. 64: Einladung zum Damenprogramm, mondäne Variante, 1975 (IVK-Archiv, Düsseldorf). Seite 169

Tabellenverzeichnis

Tab. 1:   Nachweise und Anwendungen von Klebstoffen von der Ur- und Frühgeschichte bis zum 19. Jahrhundert. Seite 15

Tab. 2:   Technische Entwicklungen des Klebens seit Ende des 19. Jahrhunderts. Seite 17

Tab. 3:   Übersicht über die Fachgruppe „Leim, Klebstoffe und Gelatine" in der Wirtschaftsgruppe „Chemische Industrie", 1943. Seite 23

Tab. 4:   Teilnehmer der Gründungssitzung des Fachverbandes Leime und Klebstoffe am 14.12.1949 in Frankfurt a. M. Seite 50

Tab. 5:   Chronologischer Überblick über den Technischen Ausschuss und die Technischen Kommissionen. Seite 66

Tab. 6:   Personalentwicklung der Geschäftsführung 1946 – heute. Seite 78

Tab. 7:   Umsatzentwicklung der dem Fachverband angehörenden Unternehmen, 1950 – 1956. Seite 86

Tab. 8:   Meilensteine (Auswahl) der Klebtechnik, 1950 – 1970. Seite 87

Tab. 9:   Gremienarbeit der Geschäftsführung, 1970. Seite 102

Tab. 10: Übersicht über den Weltklebstoffmarkt, 1991. Seite 121

Tab. 11: Übersicht über den Klebstoffumsatz in Europa, 1991. Seite 121

Tab. 12: Meilensteine (Auswahl) der Klebtechnik seit den 1970er Jahren. Seite 122

Tab. 13: Gremientätigkeit der Geschäftsführung, 1976. Seite 132

Tab. 14: Ehrenvorsitzende des Industrieverband Klebstoffe e.V. Seite 172

Tab. 15: Ehrenmitglieder des Industrieverband Klebstoffe e.V. Seite 173

Abkürzungsverzeichnis

AA	Arbeitsausschuss
AG	Arbeitsgruppe
AK	Arbeitskreis
BDI	Bundesverband der Deutschen Industrie
CEFIC	The European Chemical Industry Council
EGKS	Europäische Gemeinschaft für Kohle und Stahl
EWG	Europäische Wirtschaftsgemeinschaft
EG	Europäische Gemeinschaft
EU	Europäische Union
EURATOM	Europäische Atomgemeinschaft
FEICA	Fédération Européenne des Industries de Colles et Adhésifs
FV	Fachverband
IFAM	Institut für Fertigungstechnik und Angewandte Materialforschung
IVK	Industrieverband Klebstoffe e. V.
TK	Technische Kommission
UA	Unterausschuss
VCI	Verband der Chemischen Industrie

Quellen, Literatur und Internetseiten

Unveröffentlichte Quellen:

Bundesarchiv Berlin-Lichterfelde

R / 3101 / 4896:	Reichswirtschaftsministerium, Selbstverwaltungskörper, Leimreferat, 1919 – 1920
R / 3101/ 4897:	Reichswirtschaftsministerium, Leimreferat, 1919 – 1920
R / 3101 / 11848 :	Reichswirtschaftsministerium, Bewirtschaftung von Seifen, Fetten und Ölen, 1933 – 1944
R 13 / XII / 212:	Wirtschaftsgruppe Chemische Industrie, Fachgruppe 20: Leime. Klebstoffe und Gelatine, 1944 – 1945

Bundesarchiv Koblenz

Z 8/2493:	Fachverband Leime, Klebstoffe und Gelatine, 1946 – 1948
Z 8/2499:	Fachverband Leime, Klebstoffe und Gelatine, 1946 – 1948

Archiv des Industrieverband Klebstoffe e. V., Düsseldorf

Box 1-45:	Protokolle und Korrespondenzen des Fachverbandes Leime und Klebstoffe e. V.

Abbildungen, Ton- und Filmdokumente

Konzernarchiv Bayer AG, Leverkusen

062-022-082, Fich 4-7: Verband der Chemischen Industrie, Fachverbände

Konzernarchiv Henkel AG & Co. KGaA

Personalia:	Arnd Picker
Personalia Thompson:	Max Schumacher
Personalia Portraits:	Dr. Johannes Dahs
Personalia Dokumente:	Dr. Johannes Dahs

Personalia Fotos:	Adolf Müller-Born
Personalia Dokumente:	Adolf Müller-Born
Personalia:	Dr. Wolfgang Lübbert
Personalia:	Dr. Jürgen Wegner
Personalia:	Dr. Ralf Schelbach
L 125:	Hersteller von Klebstoffen in Ländern der EWG
L 1251:	FEICA Fédération Européene des Industries de Colles et Adhésifs
L 1252:	Industrieverband Klebstoffe e. V. 2002
L 1252:	Industrieverband Klebstoffe e. V. 2003
Acc. 257/1-54:	Fachverband Leime und Klebstoffe 1954 – 1970

Zeitzeugengespräche

Dahs, Dr. Johannes

Frank, Dr. Hannes

Halteren, Ansgar van

Lagally, Dr. Hermann (schriftliche Anfrage)

Pfeiffer, Dr. Hermann

Pfeiffer, Dr. Peter

Picker, Arnd

Tasche, Dr. Boris

Utz, Dr. H. Werner

Veröffentlichte Quellen

Kartellvertrag, 12.10.1915

Klebstoff verbindet .. Festschrift zur Ausstellungseröffnung im Deutschen Museum München, 30.5.1996

Lieferbedingungen für Haut-, Leder-, Knochen und Mischleim, Berlin, 1928

Lieferbedingungen und Prüfverfahren für Milchsäure-Kasein, Februar 1932

Lieferbedingungen und Prüfverfahren für pulverförmige Kasein-Kaltleime Sept. 1952

Lieferbedingungen und Prüfverfahren für vegetabilische Klebstoffe, Leime und Bindemittel, Januar 1955

Themen. Service für Presse, Hörfunk und Fernsehen. Klebstoff.

Vertrauliche Mitteilungen für den Verein deutscher Lederleimfabrikanten; No. 34, April 1897, No. 115, September 1912, No. 133, November 1915, No. 134, Dezember 1915; Nr. 135, März 1916

Wirtschaftsverband Chemische Industrie (Britisches Kontrollgebiet), Hannover, 1948

Literatur

o. A.: 150 Jahre Leime und Klebstoffe aus Haiger. Stuttgart 1965.

o. A.: Dicht an dicht. Die Geschichte des Hauses Dekalin, Hanau 1907 - 1957. Düsseldorf 1957.

Abelshauser, Werner: Deutsche Wirtschaftsgeschichte seit 1945. München 2004.

Berghahn, Volker: Unternehmer und Politik in der Bundesrepublik Deutschland. Frankfurt a. M. 1985.

Braun, Hans Joachim (Hrsg.): Schrauben, Fügen, Kleben - Zur Entwicklung der Befestigungstechnik. Freiberg 2004.

Bührer, Werner: Die Unternehmerverbände nach den Weltkriegen. In: Lernen aus dem Krieg? Deutsche Nachkriegszeiten 1918 und 1945. München 1992, S. 140-157.

Bührer, Werner / Grande, Edgar (Hrsg.): Unternehmerverbände und Staat in Deutschland. Baden-Baden 2000.

Cura, Katrin: Die Entwicklung der Holzklebstoffe. In: Braun, Hans-Joachim (Hrsg.): Schrauben, Fügen, Kleben - Zur Entwicklung der Befestigungstechnik. Freiberg 2004, S. 69-88.

Cura, Katrin: Vom Hautleim zum Universalklebstoff. Zur Entwicklung der Klebstoffe. Diepholz, Stuttgart, Berlin 2010.

Endlich, Wilhelm: Fertigungstechnik mit Kleb- und Dichtstoffen. Praxishandbuch der Kleb- und Dichtstoffverarbeitung. Braunschweig, Wiesbaden 1995.

Fauner, Gerhard / Endlich, Wilhelm: Angewandte Klebtechnik. Ein Leitfaden und Nachschlagewerk für die Anwendung von Klebstoffen in der Technik. München, Wien 1979.

Feldenkirchen, Wilfried / Hilger, Susanne: Menschen und Marken. 125 Jahre Henkel 1876-2001. Düsseldorf 2001.

Greber, Josef / Lehmann, E. / Werth, A. van der: Die tierischen Leime. Heidelberg 1950.

Gruber, Werner: Hightech-Industrieklebstoffe. Grundlagen und industrielle Anwendungen. Landsberg/Lech 2000.

Habenicht, Gerd: Kleben. Grundlagen, Technologien, Anwendungen. 6. Aufl., Berlin 2009.

Henkel Teroson GmbH (Hrsg.): Umwelterklärung. Heidelberg 1998.

Hinterwaldner, Rudolf / Jordan, Ralf (Hrsg.): Strukturelles Kleben und Leimen im Holzbau. Historische Entwicklung, neue Verleimungstechniken, Klebstoffe und Leim, Holzauswahl und Oberflächenbehandlung. München 1994.

Köhler, Rudolf: Die Klebstoffindustrie in den letzten 10 Jahren. In: Adhäsion (1968) 6, S. 247-252.

Peters, Ralf / Zehnter, Annette: Grenzen überwinden: 150 Jahre Th. Goldschmidt. Bottrop 1997.

Plumpe, Werner: Die Unternehmerverbände im Transformationsprozess nach dem Zweiten Weltkrieg. In: Bührer, Werner / Grande, Edgar (Hrsg.): Unternehmerverbände und Staat in Deutschland. Baden-Baden 2000, S. 75-87.

Rühl, Reinhold / Kluger, N.: Beschichtungs- und Klebstoffe – neue Produkttendenzen. In: Verein Deutscher Ingenieure (Hrsg.): Luftverunreinigung in Innenräumen. Herkunft, Messung, Wirkung, Abhilfe. Düsseldorf 1994, S. 83-91.

Schöne, Manfred: Von der Leimabteilung zum größten Klebstoffwerk Europas (= Schriften des Werksarchivs der Henkel KGaA Düsseldorf, Bd. 9). Düsseldorf 1979.

Schöne, Manfred: 100 Jahre Sichel. Spezialist für Kleb- und Dichtstoffe (= Schriften des Werksarchivs der Henkel KGaA Düsseldorf, Bd. 25). Düsseldorf 1989.

Tornow, Ingo: Die deutschen Unternehmerverbände 1945-1950. Kontinuität oder Diskontinuität? In: Becker, Josef / Stammen, Theo / Waldmann, Peter (Hrsg.): Vorgeschichte der Bundesrepublik Deutschland. Zwischen Kapitulation und Grundgesetz. München 1979, S. 235-260.

Ullmann, Hans-Peter: Interessenverbände in Deutschland. Frankfurt a. M. 1988.

Verband der Chemischen Industrie (Hrsg.): Hundert Jahre – wie ein Tag. Der Verband der Chemischen Industrie. Geschichte – Aufgaben – Leistungen. Eine Chronologie. Frankfurt a. M. 1977.

Verband der Chemischen Industrie (Hrsg.): Erfolgreiche Verbindungen.
125 Jahre VCI. Darmstadt 2002.

Verband der Chemischen Industrie e. V. / Fonds der Chemischen Industrie (Hrsg.): 20 Jahre Fonds der Chemischen Industrie zur Förderung von Forschung, Wissenschaft und Lehre. 1950 – 1970. Frankfurt a. M. 1970.

Zenz, Karl-Heinz: Die Uhu-Story. 50 Jahre. Rastatt 1982, S. 1-20.

Periodika

Adhäsion, 1957 - heute

Gelatine, Leim, Klebstoffe, 1933 – 1945

Kunststoffe. Organ deutscher Kunststoff-Fachverbände, 1911 – 1945

Farben-Zeitung. Fachblatt für die gesamte Farben- und Lack-Industrie sowie den einschlägigen Handel, 1895 – 1943; Beilage Leim- und Klebstoffindustrie

Verband der Chemischen Industrie: Jahresberichte 1967 – 2015

Internetseiten

www.klebstoffe.com: Homepage des Industrieverband Klebstoffe e. V.

www.leitfaden.klebstoffe.com: Leitfaden für Klebtechnik des Industrieverband Klebstoffe e.V.

www.ifam.fraunhofer.de: Fraunhofer Institut für Fertigungstechnik und Angewandte Materialforschung IFAM, Bremen

www.feica.com: Fédération Européenne des Industries de Colles et Adhésifs; Verband der europäischen Klebstoffhersteller

Industrieverband Klebstoffe e.V.

MIX
Papier aus verantwortungsvollen Quellen
Paper from responsible sources
FSC® C105338

If you have any concerns about our products,
you can contact us on
ProductSafety@springernature.com

In case Publisher is established outside the EU,
the EU authorized representative is:
**Springer Nature Customer Service Center GmbH
Europaplatz 3, 69115 Heidelberg, Germany**

Printed by Libri Plureos GmbH
in Hamburg, Germany